# 水利工程管理创新与水资源利用

付志国　高青春　刘姝芳◎著

U0335570

吉林科学技术出版社

图书在版编目（CIP）数据

水利工程管理创新与水资源利用 / 付志国，高青春，
刘姝芳著. -- 长春：吉林科学技术出版社，2022.9
ISBN 978-7-5578-9841-0

Ⅰ. ①水… Ⅱ. ①付… ②高… ③刘… Ⅲ. ①水利工
程管理－研究②水资源利用－研究 Ⅳ. ①TV6
②TV213.9

中国版本图书馆 CIP 数据核字(2022)第 185313 号

# 水利工程管理创新与水资源利用

| | |
|---|---|
| 著 | 付志国 高青春 刘姝芳 |
| 出 版 人 | 宛 霞 |
| 责任编辑 | 张伟泽 |
| 封面设计 | 金熙腾达 |
| 制 版 | 金熙腾达 |
| 幅面尺寸 | 185 mm×260mm |
| 开 本 | 16 |
| 字 数 | 256 千字 |
| 印 张 | 11.5 |
| 版 次 | 2022 年 9 月第 1 版 |
| 印 次 | 2023 年 3 月第 1 次印刷 |
| 出 版 | 吉林科学技术出版社 |
| 发 行 | 吉林科学技术出版社 |
| 地 址 | 长春市净月区福祉大路 5788 号 |
| 邮 编 | 130118 |

发行部电话/传真　0431-81629529　81629530　81629531
　　　　　　　　　　 81629532　81629533　81629534

储运部电话　0431-86059116

编辑部电话　0431-81629518

印　　刷　三河市嵩川印刷有限公司

书　　号　ISBN 978-7-5578-9841-0
定　　价　60.00 元

# 前　言

　　水资源是维持人类生存、促进社会发展的重要物质基础，水资源开发利用，是改造自然、利用自然的一方面。随着全球水资源的短缺，加强对水资源的合理开发及可持续利用就显得尤为重要。水利是整个国民经济的基础产业，近些年来，我国的水电建设得到了飞速发展，国家不断加大对水电建设的支持力度，这使得水利水电工程得到了前所未有的发展。

　　本书主要研究的是水利工程管理创新与水资源利用，首先，从工程、水利工程、水利工程管理的基础知识入手，介绍了水利工程管理现代化的内涵与特征、目标与推进、内容与建设，以及水利工程治理的概念内涵、保障措施、实现目标等内容；其次，重点分析了水利工程建设中的水利工程规划设计、水利枢纽、水库施工、堤防施工、水闸施工，并探讨了水资源管理的基础知识、水资源水量及水质管理、水价管理、水资源管理信息系统；再次，剖析了农村饮用水水源分类、农村饮用水水源主要污染源、农村饮用水水源地保护工程技术组成、农村饮用水水源防护区划分、农村饮用水水源地污染防护技术，以及农田水利与农田水利规划基础理论、田间灌排渠道设计、田间道路的规划布局、护田林带设计、农田水利与乡村景观融合设计；最后，阐述了城市水资源开发利用、农业水资源开发、海水资源开发、水能开发等内容。水利工程管理贯穿于水利工程建设和运营的全过程，是确保水利工程效益的重要工作。要想保证水利工程的良性发展，其中最重要的环节是加强对水利工程的管理，只有加强水利工程的管理才能有效地保证工程质量，才能有效地利用水资源，节约水资源，保护环境。

　　本书在策划和编写过程中参考和借鉴了许多专业书籍，在此表示衷心的感谢。由于本书包罗内容较广，涉及知识比较烦琐，以及编者水平有限、时间仓促，书中不足之处敬请读者斧正。

# 目 录

# 第一章 水利工程管理概述

## 第一节 工程

### 一、工程及其本质

工程是指人类将自然科学的理论应用到具体的工农业生产中的一种实践过程，是人类有目的、有计划、有组织地运用科学知识、技术知识、工程知识、产业知识、社会和经济知识等，有效地配置自然资源、经济资源、社会资源、知识资源等，通过优化选择、有效集成，构建并运行一个新的实在物体的过程。

工程要素主要包括科学与技术要素以及知识、文化、政治、资源、经济、环境与社会等非科技要素，是科技要素和非科技要素的统一体。工程的成败不仅取决于技术因素，更多时候还取决于非技术因素。

工程的本质包含以下几方面：工程的目的和结果是创建满足人类社会需要的人造物；满足人类社会需要的人造物是通过工程实践活动生成的；工程实践活动是工程的本质核心；工程实践活动受自然、社会和知识等条件的约束；设计和实施工程实践活动方案的主体是各种工程人员。

### 二、工程活动的基本特征

从工程活动的基本构成和基本过程看，工程活动具有系统性、建构性、创造性、科学性、集成性、社会性、复杂性和风险性等基本特征。

#### （一）工程活动的建构性和实践性

工程活动是工程建设的总称，包含了工程思维、工程理念和工程实践。实践主体根据自己的意图，确定工程目标，进行工程设计，将现有的技术资源和物质资源重新整合、建构并实施建设，形成新的工程产物。因此，工程建构、工程建设和工程运行是建构性与实践性的高度统一。

## （二）工程活动的集成性和创造性

工程是通过各种科学知识、技术知识转化为工程知识并形成现实生产力，从而创造社会、经济和文化效益的活动过程。任何一个工程都集成了各种复杂的要素，这种集成建构的过程就是工程创造和创新的过程。每一个重大工程都是创造的产物，其创造性体现在工程理念、工程设计、工程实施和工程管理等工程活动的全过程。因此，工程是系统集成性和创造性的高度统一。

## （三）工程活动的科学性和经验性

工程活动与科学技术的联系越来越紧密，因此，必须正确应用和遵循科学规律。同时工程活动主体的实践经验是工程活动的另一重要因素，其经验和能力对工程的顺利完成至关重要。工程活动尤其是现代工程活动必须建立在科学的基础之上，但同时又离不开工程设计者和实施者的经验知识，是两者的辩证统一体。

## （四）工程活动的复杂性和系统性

工程是包含了自然、科学、技术、社会、政治、经济和文化等诸多因素的复杂系统。随着科学技术的迅速发展，人类的工程活动无论在规模上，还是在复杂程度上都在不断提高。现代工程不仅规模巨大、系统结构复杂、科技含量高、投入多，而且对环境和社会造成的影响也是广泛而巨大的，甚至是不可逆转的。因此，现代工程的实施涉及多方面因素的综合作用。

## （五）工程活动的社会性及公众性

一项工程的规划、决策、设计、实施以及评价，受到诸如社会心理、宗教信仰、政治和经济制度、法律规范等社会因素的影响。因此，任何工程项目都是在一定时期和一定的社会环境中存在和展开的，工程的社会性表现出它的公众特点。

公众的质疑和反对可以让工程停工，因此，在推动社会公众全面理解工程的意义和作用的同时，争取社会公众对工程建设的参与、监督和支持是当代工程活动的一个重要环节。

## （六）工程活动的效益性和风险性

工程是为满足人类的需要而开展，并因此获得价值。一方面，工程实践都有明确的效益目标，主要表现为经济效益、社会效益、环境与生态效益。另一方面，效益总是伴随着风险。对于经济效益来说，总是伴随着市场风险、资金风险和环境负荷风险；对于社会效益来说，伴随着就业风险、社区和谐风险及劳动安全风险；对于环境与生态效益来说，伴随着成本风险及能耗风险；等等。

# 三、工程活动、工程实践与工程方法

## （一）工程活动

工程活动是工程建设的总称，包含了工程思维、工程理念和工程实践。工程实践是工程思维和工程理念的客观化和现实化的过程，包括工程项目的实地考察、工程设计实践、工程施工、工程的运行管理和工程维护。工程理念是在深刻认识工程活动规律、总结工程活动历史经验、把握工程发展趋势与方向的基础上形成的根本性观念与思想意识，它明确了工程活动的使命与总体目标，成为指导工程活动的总纲领和总方针。

## （二）工程实践

工程作为广义的物质生产实践的具体形式，必然体现出实践的基本特征，具体表现为：①工程实践具有鲜明的有意识性和目的性。满足人类社会的各种需要是开展工程实践的根本目的。②工程实践的探索性与创造性。工程实践需要科学、技术、社会、人文和环境等多种知识经验的集成与创造。③工程实践的情境性与场域性。工程实践欲建造的人造物系统总是嵌入特定的自然环境与社会环境中。地理位置、地形地貌、气候环境、生态环境和自然资源等特殊的自然因素，以及该地区的经济结构、产业结构、基础设施、政治生态、社会组织结构、文化风俗和宗教关系等社会因素，都会影响工程实践的过程与结果。④工程实践结果的双刃性与评价的多维性。工程产物不是中性的，它承载着价值，正面的效益是工程活动追求的正面价值，负面的作用与影响则是工程活动企图避免但又不可能全部消除的负面价值，这就是工程结果的双刃性。对结果的评价包括经济的、政治的、军事的、生态的、环境的、文化的、科学技术的、人文的、审美的等众多的维度。

## （三）工程方法

工程问题的解决方法是通过工程实践不断总结发展而来的。工程问题的解决方法一般包括六个基本步骤：①认识并理解问题。工程实践中最困难的部分是精确认识和定义问题的能力，在设计过程的开始以及整个工程实施期间，定义问题都是至关重要的。②收集数据并验证准确性。必须确定所有相关的物理因素，如尺寸、温度、成本、浓度、重量等。③选择合适的理论或科学原理去分析和解决问题，同时理解并确定与所选理论相关的限制和约束条件。④进行必要的假设。实际问题的完美解决方案并不存在，一般需要对问题进行简化，可以进行一些假设，使问题的求解变得容易和可行。⑤解决问题。通过反复试验得到数学模型，应用数学理论来解决问题。⑥验证并检验结果。在工程实践中，工程并不因获得解决方案就算完成，还需要通过解决问题来验证其正确性。

# 第二节 水利工程

## 一、水利工程的含义

水利工程是用于控制和调配自然界的地表水和地下水，达到除害兴利目的而修建的工程，也称为水工程，包括防洪、排涝、灌溉、水力发电、引（供）水、滩涂治理、水土保持、水资源保护等各类工程。水是人类生产和生活必不可少的宝贵资源，但其自然存在的状态并不完全符合人类的需要。只有修建水利工程，才能控制水流，防止洪涝灾害，并进行水量的调节和分配，以满足人民生活和生产对水资源的需要。水利工程主要服务于防洪、排水、灌溉、发电、水运、水产、工业用水、生活用水和改善环境等方面。

## 二、我国水利工程的分类

按照工程功能或服务对象可分为以下六大类：

①防洪工程。防止洪水灾害的防洪工程。

②农业生产水利工程。为农业、渔业服务的水利工程总称，具体包括以下几类：农田水利工程，防止旱、涝、渍灾，为农业生产服务的农田水利工程（或称灌溉和排水工程）；渔业水利工程，保护和增进渔业生产的渔业水利工程；海涂围垦工程，围海造田，满足工农业生产或交通运输需要的海涂围垦工程等。

③水力发电工程。将水能转化为电能的水力发电工程。

④航道和港口工程。改善和创建航运条件的航道和港口工程。

⑤供（排）水工程。为工业和生活用水服务，并处理和排出污水和雨水的城镇供水和排水工程。

⑥环境水利工程。防止水土流失和水质污染，维护生态平衡的水土保持工程和环境水利工程。

一项水利工程同时为防洪、灌溉、发电、航运等多种目标服务的，称为综合利用水利工程。

按照水利工程投资主体的不同性质，水利工程可以区分这样几种不同的情况：

①中央政府投资的水利工程。这种投资也称国有工程项目。这样的水利工程一般都是跨地区、跨流域、建设周期长、投资数额巨大的水利工程，对社会和群众的影响范围广大而深远，在国民经济的投资中占有一定比重，其产生的社会效益和经济效益也非常明显。

②地方政府投资兴建的水利工程。有一些水利工程属地方政府投资的，也属国有性质，仅限于小流域、小范围的中型水利工程，但其作用并不小，在当地发挥的作用相当大，不可忽视。也有一部分是国家投资兴建的，之后又交给地方管理的项目，这也属于地方管辖的水利工程。

③集体兴建的水利工程。这还是计划经济时期大集体兴建的项目，由于农村经济体制改革，又加上长年疏于管理，这些工程有的已经废弃，有的处于半废状态，只有一小部分还在发挥着作用。其实大大小小、星罗棋布的小型水利设施，仍在防洪抗旱方面发挥着不小的作用。

④个体兴建的水利工程。这种工程虽然不大，但一经出现便表现出很强的生命力，既有防洪、灌溉功能，又有恢复生态的功能，还有旅游观光的功能，工程项目管理得也好，这正是我们局部地区应当提倡和兴建的水利工程。但是，政府在这方面要加强宏观调控，防止盲目重复上马。

## 三、我国水利工程的特征

水利工程原是土木工程的一个分支，但随着水利工程本身的发展，逐渐具有自己的特点，其在国民经济中的地位日益重要，已成为一门相对独立的技术学科，具有以下几大特征。

### （一）规模大，工程复杂

水利工程一般规模大，工程复杂，工期较长。工作中涉及天文地理等自然知识的积累和实施，其中又涉及各种水的推力、渗透力等专业知识与各地区的人文风情和传统。水利工程的建设时间很长，需要几年甚至更长的时间准备和筹划，人力、物力的消耗也大。

### （二）综合性强，影响大

水利工程的建设会给当地居民带来很多好处，消除自然灾害。可是由于兴建会导致人与动物的迁徙，有一定的生态破坏，同时也要与其他各项水利有机组合，符合国民经济的政策。为了使损失和影响面缩小，就需要在工程规划设计阶段系统性、综合性地进行分析研究，从全局出发，统筹兼顾，达到经济和社会环境的最佳组合。

## （三）效益具有随机性

每年的水文状况或其他外部条件的改变会导致整体的经济效益的变化。农田水利工程还与气象条件的变化有密切关系。

## （四）对生态环境有很大的影响

水利工程不仅对所在地区的经济和社会产生影响，而且对江河、湖泊及附近地区的自然面貌、生态环境、自然景观都将产生不同程度的影响，甚至会改变当地的气候和动物的生存环境，这种影响有利有弊。

从正面影响来说，主要是有利于改善当地水文生态环境。修建水库可以将原来的陆地变为水体，增大水面面积，增加蒸发量，缓解局部地区在温度和湿度上的剧烈变化，在干旱和严寒地区尤为适用；可以调节流域局部小气候，主要表现在降雨、气温、风等方面。由于水利工程会改变水文和径流状态，因此会影响水质、水温和泥沙条件，从而改变地下水补给，提高地下水位，影响土地利用。

从负面影响来说，由于工程对自然环境进行改造，势必会产生一定的负面影响。以水库为例，兴建水库会直接改变水循环和径流情况。从国内外水库运行经验来看，蓄水后的消落区可能出现滞流缓流，从而形成岸边污染带；水库水位降落侵蚀，会导致水土流失严重，加剧地质灾害发生；周围生物链改变、物种变异，影响生态系统稳定。

任何事情都有利有弊，关键在于如何最大限度地削弱负面影响。随着技术的进步，水利工程的作用，不仅要满足日益增长的人民生活和工农业生产发展对水资源的需要，而且要更多地为保护和改善环境服务。

# 第三节　水利工程管理

## 一、水利工程管理的概念

从专业角度看，水利工程管理分为狭义水利工程管理和广义水利工程管理。狭义水利工程管理是指对已建成的水利工程进行检查观测、养护修理和调度运用，保障工程正常运行并发挥设计效益的工作。广义水利工程管理是指除以上技术管理工作外，还包括水利工程行政管理、经济管理和法治管理等方面，例如水利事权的划分。显然，我们更关注广义水利工程管理，即在深入区别各种水利工程的性质和具体作用的基础上，尽最大可能趋利避害，充分发挥水利工程的社会效益、经济效益和生态效益，加强对水利工程的引导和管理。只有通过科学管理，才能发挥水利工程最佳的综合效益；保护和合理运用已建成的水利工程设施，调节水资源，为社会经济发展和人民生活服务。

## 二、工程技术视角下我国水利工程管理的主要内容

从利用和保障水利工程的功能出发，我国水利工程管理工作的主要内容包括：水利工程的使用，水利工程的养护工作，水利工程的检测工作，水利工程的防汛抢险工作，水利工程扩建和改建工作。

### （一）水利工程的使用

水利工程与河川径流有着密切的关系，其变化同河川径流一样是随机的，具有多变性和复杂性，但径流在一定范围内有一定的变化规律，要根据其变化规律，对工程进行合理运用，确保工程的安全和发挥最大效益。工程的合理运用主要是制订合理的工程防汛调度计划和工程管理运行方案等。

### （二）水利工程的养护工作

由于各种主观原因和客观条件的限制，水利工程建筑物在规划、设计和施工过程中难免会存在薄弱环节，使其在运用过程中，出现这样或那样的缺陷和问题。特别是水利工程长期处在水下工作，自然条件的变化和管理运用不当，将会使工程发生意外的变化。所以，要对工程进行长期的监护，发现问题及时维修，消除隐患，保持工程的完好状态和安全运行，以发挥其应有的作用。

### （三）水利工程的检测工作

水利工程的检测工作也是水利工程的重要工作内容。要做到定期对水利工程进行检查，在检查中发现问题，要及时进行分析，找出问题的根源，尽快进行整改，以此来提高工程的运用条件，从而不断提高科学技术管理水平。

### （四）水利工程的防汛抢险工作

防汛抢险是水利工程的一项重点工作。特别是对于那些大中型的病险工程，要注意日常的维护，以避免危情的发生。同时，防汛抢险工作要立足于大洪水，提前做好防护工作，确保水利工程的安全。

（五）水利工程扩建和改建工作

如果原有水工建筑物不能满足新技术、新设备、新的管理水平的要求，在运用过程中发现建筑物有重大缺陷需要消除时，应对原有建筑物进行改建和扩建，从而提高工程的基础能力，满足工程的运行管理的发展和需求。

基于我国水利工程的特点及分类，我国水利工程管理也成立了相应的机构，制定了相应的管理规则。从流域来说，成立了七大流域管理局，负责相应流域水行政管理职责，包括长江水利委员会、黄河水利委员会、淮河水利委员会、海河水利委员会、松辽水利委员会、珠江水利委员会、太湖流域管理局。对于特大型水利工程成立了专门管理机构，如三峡工程建设委员会、小浪底水利枢纽管理中心、南水北调办公室等，以及针对各种水利设施的管理，如农村农田水利灌溉管理、水库大坝安全管理等。

## 三、科学管理视角下我国水利工程管理的主要内容

从科学管理的视角出发，我国水利工程管理的主要内容是指水利事权的划分。水利事权即处理水利事务的职权和责任。我国水旱灾害频发，兴水利、除水害，历来是安邦治国的重大任务。合理划分各级政府的水利事权是我国全面深化水利改革的重要内容和有效制度。保障历史上水利工程事权、财权划分格局主要表现为两个特征：一是政府组织建设与管理关系国计民生的重要公益性水利工程，例如防洪工程；二是政府与受益群众分担投入具有服务性质的一些工程，例如农田水利工程。

## 四、我国水利工程管理的目标

水利工程管理的目标是确保项目质量安全，延长工程使用寿命，保证设施正常运转，做好工程使用全程维护，充分发挥工程和水资源的综合效益，逐步实现工程管理科学化、规范化，为国民经济建设提供更好的服务。

### （一）确保项目的质量安全

因水利工程涉及防洪、抗旱、治涝、发电、调水、农业灌溉、居民用水、水产经济、水运、工业用水、环境保护等重要内容，一旦出现工程质量问题，所有与水利相关的生活生产活动都将受到阻碍，沿区上游和下游都将受到威胁。因此工程的质量安全不仅关系着一方经济的发展，更关系着人民身体健康与安全。

### （二）延长工程的使用寿命

由于水利工程消耗资金较多，施工规模较大，影响范围较广，所以一项工程的运转就

是百年大计。因此水利工程管理要贯穿项目的始末，从图纸设计到施工内容、竣工验收、工程使用等各方面在科学合理的范围内对如何延长使用寿命进行管理，以减少资源的浪费，充分发挥最大效益。

（三）保证设施的正常运转

水利工程管理具有综合性、系统性特征，因此水利工程项目的正常运转需要各个环节的控制、调节与搭配，正确操作器械和设备，协调多样功能的发挥，提高工作效率，加强经营管理，提高经济效益，减少事故发生，确保各项事业不受影响。

（四）做好工程使用的全程维护

对于综合性的大型项目或大型组合式机械设备来说，都需要定期进行保养与维护。由于设备某一部分或单一零件出现问题，都会对工程的使用和寿命造成影响，因此，水利工程管理工作还要对出现的问题在使用的整个过程中进行维护，更新零部件，及时发现隐患，保障工程的正常使用。

# 第二章 水利工程管理现代化

## 第一节 水利工程管理现代化的内涵与特征

### 一、水利工程管理现代化的内涵

#### （一）现代化概述

现代化常被用来描述现代发生的社会和文化变迁的现象。一般而言，现代化包括学术知识上的科学化、政治上的民主化、经济上的工业化、社会生活上的城市化、思想领域的自由化和民主化、文化上的人性化等。

现代化是人类文明的一种深刻变化，是文明要素的创新、选择、传播和退出交替进行的过程，是追赶、达到和保持世界先进水平的国际竞争。现代化是一个动态的发展过程，指传统经济社会向现代经济社会的转变，它包括经济领域的工业化、国际化，政治领域的民主化，社会领域的城市化，价值观念的理性化，科学领域的充分进步以及理论实践的不断创新，等等。其重要特征是生产力不断提高，经济持续增长，社会不断进步，人民生活不断改善，经济社会结构和生产关系随着生产力的发展需要不断改变和创新。其重要特点是，经济社会中充分体现了以工业化、国际化、智能化、信息化、知识化为动力，推动传统农业文明向工业文明、工业文明向知识文明的全球大转变，具有广泛的世界性和鲜明的时代性，并呈现加速发展的趋势。

现代化作为一个概念，既是一个时间概念，也是一个动态变化的概念；作为一个过程，既有时间特征，也有变化的特征；作为基本内涵，既有传统性的合理继承和发展，又有现代先进性和合理性的特质。需要从时间和变化的含义与特征中把握，才能理解现代化是社会状态在现代的变化或社会向现代状态的变化。

#### （二）水利工程管理现代化

水利工程管理现代化包括管理体制的现代化、管理技术的现代化、管理人才的现代化。管理技术的现代化依赖于水管理的信息化、自动化，充分利用现代信息技术，深入开发和广泛利用水利信息资源，包括水利信息的采集、传输、存储、处理和服务，全面提升水利事业活动的效率和效能以及发展地理信息系统、遥感、卫星通信和计算机网络等高新技术及应用，水管理与水信息的现代化作为水利现代化的重要内容，是实现水利工程科学管理、高效利用和有效保护的基础和前提。同时，管理技术的现代化除了要求水利管理中优先采用现代科学管理技术，使水利行业发挥最大的效益外，十分重视体制与人力资源的开发。水利管理人员要具有现代的观念、知识，掌握水利管理科学技术。在管理体制和机制上采取政府宏观调控、公众参与、民主协商、市场调节的方式，强调综合管理。

水利工程管理是通过检查观测、维修养护、加固改造、科学调度、控制运用水行政管理等行为，来维持工程的安全与完好，保障工程正常运行和功能、效益的充分发挥。所以，水利工程管理现代化的内涵可概括为：适应水利现代化的要求，创建先进、科学的水利工程管理体系，包括具有高标准的水利工程设施设备，拥有先进的调度监控手段，建立适应市场经济体制良性运行的管理模式，规范化的行业管理和科学的涉河事务管理，公共服务的制度体系，建设具备现代思想意识、现代技术水平的管理队伍。也就是说，要建立水利工程管理现代化，就要建立管理理念的现代化、管理体制与机制的现代化、水利工程设施设备的现代化（工程达到标准程度，工程设施设备完好情况等）、工程管理控制运用手段的现代化、人才队伍的现代化等。实现水利工程管理现代化是适应经济社会现代化和水利现代化的客观需要，建立现代的科学的水利工程管理体系是一个系统的、动态的过程，需要不断进行制度创新。

## 二、水利工程管理现代化的基本特征

### （一）水利工程管理体制现代化

建立职能清晰、权责明确的水利工程分级管理体制，实行水利工程统一管理与分级管理相结合的方式，在界定责任主体的前提下明确各类水利工程的管理单位职能。加大水利工程管理单位内部改革力度，建立精干高效的管理模式。核定管养经费，实行管养分离，定岗定编，竞聘上岗，逐步建立管理科学，运行规范，与市场经济相适应，符合水利行业特点和发展规律的新型管理体制和运行机制，更好地保障公益性水利工程长期安全可靠地运行。

### （二）完好的水利工程管理基础设施

具有安全可靠的防洪减灾能力，是水利工程管理现代化的基本保障。首先，要建立安全可靠的防洪减灾体系，所有大中型水库、水闸、堤防、泵站、灌区要达到规范设计标准；其次，保证水利工程管理设施配套完好，按照水利工程管理相关设计规范，在工程建设或加固时，配备完善的各类水利工程管理设施，保证现代化管理的需要。

### （三）水利工程管理手段现代化与信息化

加强水利工程管理信息化基础设施建设，以信息化带动现代化，提高水利工程管理的科技含量和管理效益，是水利工程管理发展的必由之路。

依靠科技进步，通过应用相应的现代化信息技术，不断加大水利工程管理的科技含量，全面提升现代化管理水平，符合信息化、自动化的现代化管理要求。

### （四）适应工程管理现代化要求的水利工程管理队伍

实现水利工程管理现代化，人才是关键。水利管理要求实现从传统水利向现代水利、可持续发展水利转变，需要打造出一支素质高、结构合理、适应工程管理现代化要求的水利工程管理队伍。制定人才培养机制及科技创新激励机制，加大培训力度，大力培养和引进既掌握技术又懂管理的复合型人才。采取多种形式，培养一批能够掌握信息系统开发技术、精通信息系统管理、熟悉水利工程专业知识的多层次、高素质的信息化建设人才队伍。

# 第二节　水利工程管理现代化的目标与推进

## 一、基本原则

### （一）与我国社会主义现代化战略相协调，适度超前

水利是国民经济和社会发展的基础和保障，水利现代化是我国社会主义现代化的重要组成部分。水利现代化建设，是为了满足经济社会的现代化对水利的需求。随着经济不断发展和社会生产力水平的不断提高，人们对防洪保安、水资源供给、水环境保护等的需求也在不断发展变化。因此，作为水利现代化重要组成部分的水利工程管理现代化应与我国社会主义现代化的进程相协调，适度超前发展，满足经济社会发展不同阶段的不同要求。

### （二）因地制宜，因时制宜，统筹兼顾

我国地区间自然条件、经济社会发展水平和发展速度存在较大差异，在东、中、西部

之间也已形成较大差距，各地区对水利现代化的发展需求、目标和任务以及可以提供的保障条件不尽相同。因此，在推进水利工程管理现代化进程中，要因地制宜，东中西协调，南北总揽，城乡统筹，流域与区域统筹，根据需要与可能，确定本地区水利工程管理现代化建设阶段性的重点领域和主要任务，为实现水利现代化创造条件。

（三）整体推进，重点突出，分步实施，加快进程

水利工程管理现代化建设涉及很多方面，既包括水利建设与生态环境保护，人与自然关系变化以及治水思路的调整，又涉及管理体制、机制和法制的完善等。因此，要统筹兼顾，依靠科技进步，整体推进水利工程管理现代化水平；同时，又要合理配置人力、物力资源，突出重点领域和关键问题，抓住主要矛盾，集中力量，力争短时期在重点领域有所突破。

（四）深化改革，注入活力，开创新局面，加快发展

兴水利，除水害，事关人类生存、经济发展、社会进步，历来是治国安邦的大事。促进经济长期平稳较快发展和社会和谐稳定，必须下决心加快水利发展，切实增强水利支撑保障能力，实现水资源可持续利用。水利面临着难得的发展机遇，中央和各级人民政府高度重视水利工作，水利投入大幅度增加，全社会水忧患意识普遍增强，为推进水利工程管理现代化提供了契机。在工程管理改革上，区别不同工程的功能和类型，建立与社会主义市场经济相适应的管理体制、运行机制，水利工程经营性项目全面推向市场，并形成水利社会化经营服务格局。

## 二、水利工程管理现代化的目标与分区推进构想

（一）水利工程管理现代化目标

作为体现水利现代化水平重要方面的水利工程管理，必须加大改革和创新力度，以现代的治水理念、先进的科学技术、完善的基础设施、科学的管理制度，武装和改造传统水利，努力实现工程管理的制度化、规范化、科学化、法制化，创建现代化的水利工程管理体系。确保水利工程设施完好，保证水利工程实现各项功能，长期安全运行，持续并充分发挥效益。

①改革和创新水利工程管理模式，实现计划经济体制下的传统管理模式向现代化管理模式转变，努力构筑适应社会主义市场经济要求、符合水利工程管理特点和发展规律的水利工程管理体制和运行机制，以实现水利工程管理的良性运行。

②实施标准化、精细化管理，认真贯彻落实《水利工程管理考核办法》，通过对水利工程管理单位进行全面系统的考核，促进管理法规与技术标准的贯彻落实，强化组织管理、运行管理和经济管理，以提高规范化管理水平。

③依靠科技进步，不断提升水利工程管理的科技含量，全面提升现代化管理水平。

④保障水利工程安全运行，最大限度地保持工程设计能力，延长工程使用寿命，发挥工程综合功能效益，提供全面良好的优质水事服务，为经济社会可持续发展提供水安全、水资源、水环境支撑的保障。

⑤强化公共服务、社会管理职能，进一步加强河湖工程与资源管理以及工程管理范围内的涉水事务管理，维护河湖水系的引排调蓄能力，充分发挥河湖水系的水安全、水资源、水环境功能，并为水生态修复创造条件。

（二）分区推进构想

水利工程管理的现代化进程应科学规划，分步实施，按照工作步骤，制订周密的工作计划，完善工作程序，规范工作制度，有计划、有步骤地推进实施。全国各地经济发展不平衡，东西南北中区域间的发展差异较大。因此，现代水利的发展不能一哄而上，也不可能一蹴而就，只能结合各地实际，走不同的发展路子，创造条件，分步实施。沿海、沿江地区，鉴于改革开放程度高，经济发展比较快，有些地方已经初步实现了管理现代化，水利工程管理现代化的发展可以快一点；中、西、北部地区目前相对来说属于经济欠发达地区，要求尽快实现水利管理现代化是不现实的，但是，一定要高起点规划，特别是要把工程标准、管理设施做得好一些。

各省、市、县都应选择不同类型的典型，按照"积极稳妥、先易后难、先点后面"的原则，开展试点工作，为全面推进改革积累经验。对试点中出现的新情况、新问题，及时研究，及时处理，对试点中发现的好经验、好做法，及时宣传，及时推广。要坚持一切从实际出发的原则，既要大胆借鉴事业单位和国有企业改革的成功经验，又要立足于水利行业和本单位的实际，根据各水利工程管理单位所承担的任务和人员、资产的现状，实行分类指导。既要重视国内外先进水利管理理论和实践经验的学习借鉴，又要注重总结推广基层单位在水利管理实践中涌现出来的改革创新的典型经验，以点带面，点面结合，积极稳妥、扎扎实实地推进水利管理与改革，不断加快水利管理现代化进程。

# 第三节　水利工程管理现代化的内容与建设

# 一、水利工程管理理念现代化

## （一）以人为本的意识

优质的工程建设和良好运行管理的根本目的是人民群众的切身利益，为人民提供可靠的防洪保障和水资源保障，保证江河资源开发利用不会损害流域内的社会公共利益。

## （二）公共安全的意识

水利工程公益性功能突出，与社会公共安全密切相关。要把切实保障人民群众生命安全作为首要目标，重点解决关系人民群众切身利益的工程建设质量和工程运行安全问题。

## （三）公平公正的意识

公平公正是和谐社会的基本要求，也是水利工程建设管理的基本要求。在市场监管、招标投标、稽查检查、行政执法等方面，要坚持公平公正的原则，保证水利建筑市场规范有序。

## （四）环境保护的意识

人与自然和谐相处是构建和谐社会的重要内容，要高度重视水利建设与运行中的生态和环境问题，水利工程管理工作要高度关注经济效益、社会效益、生态效益的协调发挥。

# 二、水利工程管理体制机制现代化

水利工程管理体制改革的实质是理顺管理体制，建立良性管理运行机制，实现对水利工程的有效管理，使水利工程更好地担负起维护公众利益，为社会提供基本公共服务的责任。

## （一）建立职能清晰、权责明确的水利工程管理体制

准确界定水利工程管理单位性质，合理划分其公益性职能及经营性职能。承担公益性工程管理的水利工程管理单位，其管理职责要清晰、切实到位；同时要纳入公共财政支付，保证经费渠道畅通。

## （二）建立管理科学、运行规范的水利工程管理单位运行机制

加大水利工程管理单位内部改革力度，建立精干高效的管理模式。核定管养经费，实

行管养分离，定岗定编，竞聘上岗，逐步建立管理科学、运行规范、与市场经济相适应、符合水利行业特点和发展规律的新型管理体制和运行机制，更好地保障公益性水利工程长期安全可靠地运行。

### （三）建立市场化、专业化和社会化的水利工程维修养护体系

在水利工程管理单位的具体改革中，稳步推进水利工程管养分离。具体步骤分三步：第一步，在水利工程管理单位内部实行管理与维修养护人员以及经费分离，工程维修养护业务从所属单位剥离出来，维修养护人员的工资逐步过渡到按维修养护工作量和定额标准计算；第二步，将维修养护部门与水利工程管理单位分离，但仍以承担原单位的养护任务为主；第三步，将工程维修养护业务从水利工程管理单位剥离出来，通过适当的采购方式择优确定维修养护企业，水利工程维修养护走上社会化、规范化、标准化和专业化的道路。对管理运行人员全部落实岗位责任制，实行目标管理。

## 三、水利工程管理手段现代化

### （一）水利工程自动化监控与信息化

制订水利工程管理信息化发展规划和实施计划。积极探索管理创新，引进、推广和使用管理新技术，引进、研究和开发先进管理设施，改善管理手段，提升管理工作科技含量，推进管理现代化、信息化建设，提高水利工程管理水平。

#### 1. 推进水利工程管理信息化

依托信息化重点工程，加强水利工程管理信息化基础设施建设，包括信息采集与工程监控、通信与网络、数据库存储与服务等基础设施建设，全面提高水利工程管理工作的科技含量和管理水平。

建立大型水利枢纽信息自动采集体系。采集要素覆盖实时雨水情、工情、旱情等，其信息的要素类型、时效性应满足防汛抗旱管理、水资源管理、水利工程运行管理、水土保持监测管理的实际需要。

建立水利工程监控系统。建立水利工程监控系统，以提升水利工程运行管理的现代化水平，充分发挥水利工程的作用。

建立信息通信与网络设施体系。在信息化重点工程的推动下，建立和完善信息通信与网络设施体系。

建立信息存储与服务体系。提供信息服务的数据库，信息内容应覆盖实时雨水情数据、历史水文数据、水利工程基本信息、社会经济数据、水利空间数据、水资源数据，水

利工程管理有关法规、规章和技术标准数据，水政监察执法管理基本信息等方面。

建立比较完善的信息化标准体系；提高信息资源采集、存储和整合的能力；提高应用信息化手段向公众提供服务的水平；大力推进信息资源的利用与共享；加强信息系统运行维护管理，定期检查，实时维护；建立、健全水利工程管理信息化的运行维护保障机制。

在病险水库除险加固和堤防工程整治时，要将工程管理信息化纳入建设内容，列入工程概算。对于新的基建项目，要根据工程的性质和规模，确定信息化建设的任务和方案，做到同时设计，同期实施，同步运行。

2. 建立遥测与视频图像监视系统

对河道工程，建立遥测与视频图像监视系统。可实时"遥视"河道、水库的水位、雨势、风势及水利工程的运行情况，网络化采集、传输、处理水情数据及现场视频图像，为防汛决策及时提供信息支撑。有条件时，建立移动水利通信系统。对大中型水库工程，建立大坝安全监测系统，用于大坝安全因子的自动观测、采集和分析计算，并对大坝异常状态进行报警。

3. 建立水利枢纽及闸站自动化监控系统

建立水利枢纽及闸站自动化监控系统，对全枢纽的机电设备、泵站机组、水闸船闸启闭机、水文数据及水工建筑物进行实时监测、数据采集、控制和管理。运行操作人员通过计算机网络实时监视水利工程的运行状况，包括闸站上下游水位、闸门开度、泵站开启状况、闸站电机工作状态、监控设备的工作状态等信息，并且可依靠遥控命令信号控制闸站闸门的启闭。为确保遥控系统安全可靠，采用光纤信道，光纤以太网络将所有监测数据传输到控制中心的服务器上，通过相应系统对各种运行数据进行统计和分析，为工程调度提供及时准确的实时信息支撑。

4. 建立水情预报和水利工程运行调度系统

建立洪水预报模型和防洪调度自动化系统。该系统对各测站的水位、流量、雨量等洪水要素实行自动采集、处理并进行分析计算，按照给定的模型做出洪水预报和防洪调度方案。

建立供水调度自动化系统。该系统对供水工程设施（水库蓄泄建筑物、引水枢纽、抽水泵站等）和水源进行自动测量、计算和调节、控制，一般设有监控中心站和端站。监控中心站可以观测远方和各个端站的闸门开启状况、上下游水位，并可按照计划自动调节控制闸门启闭和开度。

（二）水利工程维修养护的专业化、市场化

水管体制改革，实施管养分离后，建立健全相关的规章制度，制定适合维修养护实际的管理办法，用制度和办法约束、规范维修养护行为，严格资金的使用与管理，实现维修养护工作的规范化管理。

1. 规范维修养护实施

依据有关法规、规范、标准、实施方案、维修养护合同等进行维修养护工作，严格按照合同要求完成维修养护任务，确保维修养护项目的进度和质量，水利工程管理单位要合理确定维修养护内容，安排维修养护项目，主持项目的阶段验收、完工验收和初步验收，及时申请竣工验收，对维修养护项目质量负全责。

2. 规范维修养护项目合同管理

水利工程维修养护项目分日常维修养护和专项维修养护，日常维修养护合同根据工程类别及管理单位实际情况进行定期或不定期签订，专项维修养护合同根据项目情况签订。合同签订时，水利工程管理单位和维修养护企业要严格按照正规的维修养护合同文本进行，双方商讨并同意后签订维修养护合同，作为维修养护项目实施的依据。维修养护企业要严格按照合同规定履行维修养护职责，行使维修养护权力，按照合同约定的工期完成维修养护任务。水利工程管理单位及时对合同的执行情况进行检查、督促，及时掌握维修养护项目的实施情况。维修养护项目竣工验收后，及时对合同的执行情况、合同存在的问题进行总结，为今后合同的签订奠定基础，使维修养护合同更加规范、完善。

3. 规范维修养护项目实施

项目实施过程中，维修养护企业应加强现场管理，牢固树立质量意识，严格控制项目质量，完善项目实施程序及质量管理措施，认真落实质量检查制度，及时填写原始资料，真实反映项目实施的实际情况。水利工程管理单位对实施情况及时抽查，发现问题，及时责令维修养护企业加以整改，确保维修养护项目质量。主管单位适时进行检查、督促，促进维修养护项目的顺利实施。

4. 规范维修养护项目验收和结算手续

根据维修养护合同规定，工程价款一般按月结算，为此，工程价款结算前应对维修养护项目进行月验收，并出具验收签证，签证内容包括本月完成的维修养护项目工程量、质量及维修养护工作遗留问题，验收签证作为工程价款月支付的依据。季验收在月验收的基础上进行，主要对项目每季度完成情况和存在的问题进行检查；年度验收是对维修养护项目本年度的完成情况进行检查，查看项目实施过程中存在的问题，对维修养护项目的总体实施情况进行验收，为维修养护项目的结算和移交提供依据。

维修养护项目验收后，及时办理项目结算，对照维修养护合同进行审核，未验收或验收不合格的项目不予结算工程款。合同变更部分要有完备的变更手续，手续不全或尚未验收的项目，不进行价款结算。规范结算手续，确保维修养护经费的安全和合理使用。

5. 建立质量管理体系和完善质量管理措施

实行水利工程管理单位负责、监理单位控制、维修养护企业保证的质量管理体系。维修养护企业应建立健全质量保证体系，制定维修养护检测、检查、人员管理、结算等一系列规章制度，规范企业的行为，并采取有力措施，使之能够按照有关规范、规定和维修养护合同完成维修养护任务，确保维修养护质量。监理单位应建立健全质量控制体系，按照监理合同和维修养护合同要求，搞好项目质量抽查，控制项目的进度、质量、投资和安全，及时发现和处理项目实施过程中出现的问题，保证项目的顺利实施。水利工程管理单位应建立质量检查体系，制定检查、验收等管理制度和办法，成立监督、检查小组，督促维修养护企业严格按照规定和合同进行项目的实施，适时组织由项目建设各方参加的联合检查，发现问题，责令维修养护企业整改。项目建设各方相互协调，相互配合，相互监督，共同促进维修养护项目的顺利实施。

（三）水利工程管理制度化、规范化与法制化

1. 建立、健全各项规章制度

基层水利工程管理单位应建立、健全各项规章制度，包括人事劳动制度、学习培训制度、岗位责任制度、请示报告制度、检查报告制度、事故处理报告制度、工作总结制度、工作大事记制度、安全管理制度、档案管理制度等，使工程管理有规可依、有章可循。制度建立后，关键在于狠抓落实，只有这样，才能全面提高管理水平，确保工程的安全运行，发挥效益。

水利工程管理单位应按照档案主管部门的要求建有综合档案室，设施配套齐全，管理制度完备，档案分文书、工程技术、财务三部分，由经档案部门专业培训合格的专职档案员负责档案的收集、整编、使用服务等综合管理工作。档案资料收集齐全，翔实可靠，分类清楚，排列有序，有严格的存档、查阅、保密等相关管理制度，通过档案规范化管理验收。

同时，抓好各项管理制度的落实工作，真正做到有章可循，规范有序。

2. 建立严格的工程检查、观测工作制度

水利工程管理单位应制定详细的工程检查与观测制度，并随时根据上级要求结合单位实际修订完善。工程检查工作，可分为经常检查、定期检查、特别检查和安全鉴定。经常对建筑物各部位、设施和管理范围内的河道、堤防、拦河坝等进行检查。检查周期，每月不得少于一次。每年汛前、汛后或用水期前后，对水闸（水库、泵站、河道）各部位及各

项设施进行全面检查。当水闸（水库、泵站、河道）遭受特大洪水、风暴潮、台风、强烈地震等和发生重大工程事故时，必须及时对工程进行特别检查。按照安全鉴定规定开展安全鉴定工作，鉴定成果用于指导水闸（水库、泵站、河道）的安全运行和除险加固。

按要求对水工建筑物进行垂直位移、渗透及河床变形等工程观测，固定时间、人员、仪器；观测资料整编成册；根据观测提出分析成果报告，提出利于工程安全、运行、管理的建议；观测设施完好率达 90% 以上。

要经常对水利工程进行检查，加强汛期的巡查和特殊情况下的特别检查，发现问题及时解决，并做好检查记录。

3. 推进水利工程运行管理规范化、科学化

水库工程制订调度方案、调度规程和调度制度，调度原则及调度权限应清晰；每年制订兴利调度运用计划并经主管部门批准；建立对执行计划进行年度总结的工作制度。水闸、泵站制订控制运行计划或调度方案；应按水闸、泵站控制运用计划或上级主管部门的指令组织实施；按照泵站操作规程运行。河道（网、闸、站）工程管理机构制订供水计划；防洪、排涝实现联网调度。

通过科学调度实现工程应有效益，是水利工程管理的一项重要内容。要把汛期调度与全年调度相结合，区域调度与流域调度相结合，洪水调度与资源调度相结合，水量调度与水质调度相结合，使调度在更长的时间、更大的空间、更多的要素、更高的目标上拓展，实现洪水资源化，实现对洪水、水资源和生态的有效调控，充分发挥工程应有的作用和效益，确保防洪安全、供水安全、生态安全。

（四）做好社会管理工作，建立社会公众参与管理制度

建立完善依法、科学、民主决策机制，确定重大决策的具体范围、事项和量化标准并向社会公开，规范行政决策程序，细化公众参与、专家论证、合法性审查的程序和规则；全面推进政务公开，规范行政权力网上公开透明运行机制，建立健全法规、规章、规范性文件的定期清理，规范性文件审查备案、边界水事纠纷的协调等制度；规范执法行为，完善执法程序，规范行政处罚自由裁量权，推行执法公开制度，落实执法经费，提高执法质量和依法行政水平；推动水政监察信息化建设，严格查处各类水事违法行为，提高规费征收率，定期开展专项执法行动，完善水事矛盾纠纷预防调处机制，维护良好的社会水事秩序。

为提升社会公众参与度，需要做到：着力发展经济，夯实公众参与基础；加强思想教育，提升公众参与意识；强化制度建设，畅通公众参与渠道；转变政府职能，拓宽公众参

与空间；发展社会组织，壮大公众参与载体；推进社区自治，筑牢公众参与平台。

## 四、水利工程管理队伍现代化

### （一）创新管理机制，激发队伍活力

建立轮岗锻炼机制。从中层领导到普通员工，都要设置不同周期、不同维度的轮岗路线，在保障中心工作正常运转的条件下，让干部职工接受更多的锻炼。在通过轮岗提高队伍综合能力的同时发现人才，让合适的人去适合的岗位工作。

建立人事管理机制。要不唯上，只唯实，突出人力资源配置中市场化调节的作用，通过建立健全科学、规范的人才招聘、选拔、考核、奖惩等闭环管理制度，建立起一套完整的动态管理机制，努力做到人尽其才，才尽其用。

### （二）创新培训机制，提升队伍素质

创新培训机制。实行"学分制"教育培训，根据不同岗位、不同工作年限等设置不同的学分标准，并将学分与年度考核挂钩。

丰富培训方式。开展课题研究式学习，通过问题牵引、课题主导的方式，集中力量破解突出矛盾和现实难题；开展开放式学习，通过外请辅导、联系走访等形式，不断拓宽视野，开阔思路，激发学习的能动性；开展互动式学习，通过讨论辨析、访谈对话等形式，开展头脑风暴互动交流，搭建交流学习平台；开展自学式学习，建立网络学习课堂，将培训教材及相关文件传至网络平台，由员工根据自身实际进行自主学习。

实行分层培训。在培训工作中突出"专"字，更兼顾"博"字，将培训课程分为"必修课"和"选修课"两个层次。必修课主要讲解行业方针政策、业务理论等基础知识，重点提高队伍专业水平；选修课为行业先进建设理念、发展探索成功经验及职工个人兴趣爱好等，重点增强队伍知识储备，提升员工综合素质。

### （三）创新激励机制，增强队伍动力

建立层级分配体系。逐步打破用工身份限制，采取层级分配的形式解决用工形式不统一的难题。将人员细分层级，不同层级设置不同的工资标准和晋升条件，根据员工现有工资情况划转至不同层级，定期根据工作表现对层级进行升降，实现员工收入的动态管理。

完善人才测评方式。既注重人才的显性绩效，又注重人才的隐性绩效，采取全方位测评方式系统考核人才。在实行日常考核与年度考核相结合、量化考核与定性考核相结合的同时，参考上级、下级、同部门与跨部门同事、服务对象等人员的综合评价，提高人才测

评结果的准确性和全面性。同时，加强考核结果的运用，将测评结果与员工层级进行挂钩。

建立竞争上岗机制。对管理岗、关键岗进行公开竞争，挖掘、激发员工潜力，增强员工危机意识，营造"能者上、平者让、庸者下"的良好竞争氛围。

# 第三章 水利工程治理

## 第一节 水利工程治理的概念内涵

### 一、现代水利工程治理的概念

水利工程治理现代化就是要适应时代特点，通过改革和完善体制机制、法律法规，推动各项制度日益科学完善，实现水利工程治理的制度化、规范化、程序化。它不仅是硬件的现代化，也是软件的现代化、人的思想观念及行为方式的现代化。现代水利工程治理应具有顺畅地与市场经济体制相适应的管理机制和系统健全、科学合理的规章制度；应采用先进技术及手段对水利工程进行科学控制运用；应突出各种社会组织乃至个人在治理过程中的主体地位；应创造水利工程治理良好的法治环境，在维修经费投入、工程设施保护、涉水事件维权等方面均能得到充分的法制保障；应具有掌握先进治理理念和治理技术的治理队伍；应注重和追求水利工程治理的工程效益、社会效益、生态效益和经济效益的"复合化"。

### 二、水利工程治理的思想渊源

#### （一）中国传统文化思想的传承

1. 阴阳五行说

从哲学发展的客观动力而论，我国文明来临时期的伟大治水斗争、长期的观象活动以及各民族的经济文化交流，使中国古代很早就萌芽了以研究阴阳、五行等矛盾关系为特征的原始唯物主义和朴素辩证法思想，并伴随着生产力的发展和社会的进化逐渐深化了人们对客观世界的认识。

阴阳指世界上一切事物中都具有的两种既互相对立又互相联系的力量，它的产生和发展是伴随着春秋战国思想、经济的发展而嬗变的。《周易》最早明确了阴阳二气产生宇宙万物，所谓"一阴一阳谓之道，是也"，即认为万物的产生和变化是阴阳合气作用的结果。

老子在《道德经》中指出"万物负阴而抱阳"是指万物都是由阴阳二气相互冲荡、相互融合而成的。庄子在其基础上发展了老子的思想，"至阴肃肃，至阳赫赫。肃肃出乎天，赫赫发乎地，两者交通成和，而物生焉"，以阴阳说明万物的生发。五行即由金、木、水、火、土五种基本物质的运行和变化所构成，它强调整体概念。最早系统提出五行概念的是《尚书·洪范》，说："我闻在昔，鲧陻洪水，汩陈其五行……五行，一曰水，二曰火，三曰木，四曰金，五曰土。"旨在用五种不同的物质水、火、木、金、土来概括世间万物的本源。阴阳与五行两大学说的合流形成了中国传统思维的框架，对后来古代哲学的发展有着深远的影响。春秋战国时期，阴阳五行学说的思想被贯彻在农田水利，尤其是作物用水、土壤燥湿的理解中，对当时的田间作物合理用水的方法做了全面的总结。《吕氏春秋》"审时"篇根据农田合理用水的实践，把阴阳五行理论做了进一步的发展，把阴阳、五行、天文、律力、农事等组合成为一个大系统，使天地人的各方面普遍联系，互相搭配，根据阴阳的消长而发展、变化。以华北地区的天象、物候和农事为参照系，以阴阳消长的理论为核心，构造出一个完整的世界运行图式，这是阴阳五行学说在农田水利实践基础上对理论体系的新发展。

## 2. 道法自然说

老子在《道德经》中写道："人法地，地法天，天法道，道法自然；道生一，一生二，二生三，三生万物；天长地久"。其所表达的中国古代传统文化的自然观，可以用四个字来概括，那就是"道法自然"，就是适应自然、遵循自然、顺应自然、效法自然。庄子在老子的基础上把人与自然的关系阐释得更为透彻，在《庄子·天道》一文中指出"则天地固有常矣，日月固有明矣，星辰固有列矣，禽兽固有群矣，树木固有立矣。夫子亦放德而行，循道而趋，已至矣"。就是说，天地原本就有自己的运动规律，日月原本就放射光明，星辰原本就各自有序，禽兽原本就各有群落，树木原本就林立于地面。遵循自然状态行事，顺从规律去进取是最好的。庄子的这段论述，更清晰地要求人们"循道而趋"，这里的"道"，明显是指自然界的运动规律。庄子告诫人们，宇宙万物，自然系统都在遵循自身的规律，山川河流，高山平原，繁衍着生物群落，覆盖着茂密植被，生生不息，周而复始。人们不要去驱使它，掠夺它；相反，应该尊重万物，顺应自然，谨慎地顺从自然规律行事，这才是真正的美好。

人类社会的存在和发展是以丰富的自然资源和自然环境的存在和发展为前提和基础的，因此，正确处理人与自然、人与自身、人与社会的关系，就成了社会发展和人民幸福的基本条件之一。"道法自然"思想，为现代人正确处理人与自然的关系提供了新的哲学根据，引导人类把尊重、爱护自然转化为内心的道德律令，自觉地顺应自然、师法自然、亲近自然，真正达到人与自然的和谐统一，为解决当代生态环境危机提供了有益的思想启迪和历史借鉴，这就是"道法自然"生态思想的现代社会价值所在。

改造客观，适应自然，是人类生存发展的基本前提。兴修水利，保护环境，无疑是其中具有代表性的活动之一。在兴修水利方面，尊重自然就是尊重河湖的自然规律。经过数万年形成的自然河流和湖泊生态系统，其结构、功能和过程都遵循着一定的自然规律，在开发、改造河流湖泊的时候，应遵循其固有的规律，不能盲目地按照主观意志轻易改造，也不能将人的意志凌驾于自然之上。

（二）现代治水理念的创新

水利工程治理中存在的问题，是人与自然如何和谐相处的问题，是人类对可持续发展的认识问题。在治理过程中，融入可持续发展、生态文明、系统治理的思想理念是解决这些问题的根本出路。

1. 可持续发展理念

可持续发展理论的研究方向可分为经济学方向、社会学方向及生态学方向。经济学方向，是以区域开发、生产力布局、经济结构优化、物质供需平衡等作为基本内容，力图将"科技进步贡献率抵消或克服投资的边际效益递减率"作为衡量可持续发展的重要指标和基本手段；社会学方向，是以社会发展、社会分配利益均衡等作为基本内容，力图将"经济效率与社会公正取得合理的平衡"作为可持续发展的重要判据和基本手段；生态学方向，是以生态平衡、自然保护、资源、环境的永续利用等作为基本内容，力图将"环境保护与经济发展之间取得合理的平衡"作为可持续发展的重要指标和基本原则。

自然资源的可持续发展是可持续发展理论生态学方向的一个重要组成部分，关系到人类的永续发展。自然资源是人类创造一切社会财富的源泉，是指在一定技术经济条件下，能用于生产和生活，提高人类福利、产生价值的自然物质，如土地、淡水、森林、草原、矿藏、能源等。自然资源的稀缺是相对的，是由于高速增长的需求超过了自然资源的承载负荷，资源无序无度的和不合理的开发利用，是产生资源、生态和灾害问题的直接原因，甚至也是引发贫困、战争等一系列社会问题的重要原因。自然资源的可持续发展是解决人类可持续发展问题的关键环节，它强调人与自然的协调性，代内与代际间不同人、不同区域之间在自然资源分配上的公平性，以及自然资源动态发展能力等。自然资源可持续发展是一个发展的概念，从时间维度上看，涉及代际间不同人所需自然资源的状态与结构；从空间维度上看，涉及不同区域从开发利用到保护自然资源的发展水平和趋势，是强调代际与区际自然资源公平分配的概念。自然资源可持续发展是一个协调的概念，这种协调是时间过程和空间分布的耦合,是发展数量和发展质量的综合,是当代与后代对自然资源的共建共享。

实现水资源的可持续发展是一系列工程,它需要在水资源开发、保护、管理、应用等方面采用法律、管理、科学、技术等综合手段。水利工程是用于控制和调配自然界的地表水和地下水资源,开发利用水资源而修建的工程。它与其他工程相比,在环境影响方面有突出的特点,如影响地域范围广,影响人口多,对当地的社会、经济、生态影响大等,同样,外部环境也对水利工程施以相同的影响。在水利工程建设和管理的过程中,要坚持可持续发展的理念,加强水土保持、水生态保护、水资源合理配置等工作,树立依法治水、依法管水的理念,既要保证水利事业的稳步发展,也要顾及子孙后代的利益,使水利事业走上可持续稳步发展的道路。

## 2. 水生态文明的理念

水生态文明是生态文明的重要组成部分,它把生态文明理念融入兴水利、除水害的各项治水活动中,按照人与自然和谐相处的原则,遵循自然生态平衡的法则,采取多种措施对自然界的水进行控制、调节、治理、开发、保护和管理,以防治水旱灾害,开发利用水资源,保护水生态环境,从而达到既支撑经济社会可持续发展,又保障水生态环境良性循环的目标。随着人类文明的不断发展,工业文明带来的环境污染、资源枯竭、极端气候、生物物种锐减等问题不断加剧,人们愈来愈清晰地认识到水作为生态系统控制性要素的重要地位。

水利建设包括水害防治、水资源开发利用和水生态环境保护等各种人类活动,在满足人类生存和发展要求的同时,也会对自然生态系统造成一定的影响。在水利建设的各个环节,应遵循"在保护中促进开发、在开发中落实保护"的原则,高度重视生态环境保护,正确处理好治理开发与保护的关系,在努力减轻水利工程对自然生态系统影响的同时,充分发挥其生态环境效益。要在水利建设的各个环节中,注重水生态文明的建设,就要遵循以下几个原则:首先,科学布局治理开发工程。在系统调查水生态环境状况,全面复核和确定水生态环境优先保护对象与保护区域的基础上,制定治理开发与保护分区和控制性指标,科学规划水害防治和水资源开发利用工程布局,使治理开发等人类活动严格控制在水资源承载能力、水环境承载能力和水生态系统承受能力所允许的范围内,避免对水生态环境系统造成依靠其自组织功能无法恢复的损害。其次,全面落实水利工程生态环境保护措施。高度重视水利工程建设对生态环境的影响,在水利工程设计建设和运行各个环节采取综合措施,努力把对生态环境的影响降到最小。在工程设计阶段,要吸收生态学的原理,改进水利工程的设计方法;要重视水利工程与水生态环境保护的结合,发挥水利工程的生态环境效益；要考虑水生生物对水体理化条件的要求，合理选择水工结构设计方案；要针对所造成的生态环境影响，全面制定水生态环境保护舒缓措施。在工程建设阶段，要根据环评要求安排专项投资，全面落实各项水生态环境保护措施。在工程运行阶段，要科学调度，维系和改善水体理化条件，满足水生态环境保护的要求，努力将水利工程建设对生态环境的影响降到最低程度。最后，充分发挥水利工程生态环境效益。水利工程建设应在有效发挥水利工程兴利除害功能的同时，充分发挥水利工程的生态环境效益。

### 3．系统治理理念

系统即对自然界和社会的各种复杂事物进行整体的综合研究和布置。战国末期著作《吕氏春秋》中对系统论思想做了小结和提高，认为：整个宇宙是一个由天、地、人三大要素有机结合而成的大系统。天、地、人既各有其结构与功能，又是互相联系与配合的子系统。宇宙大系统的整体性，正是通过天、地、人各子系统之间的相互作用、相互联结而呈现出来的。《吕氏春秋》进一步认为，只有注意各子系统的稳定，才能保证整个大系统的稳定。但是，这种稳定性并非静止不动、凝固不变的，而是按照一定的节律运动变化，保持运动的一致与和谐。系统科学认为世界上万事万物是有着丰富层次的系统，系统要素之间存在着复杂的非线性关系。系统思维强调的是整体性、层次性、相关性、目的性、动态性和开放性，它着重从系统的整体、系统内部关系、系统与外部关系以及系统动态发展的角度去认识、研究系统。与其他系统一样，水利工程也是一个有机的整体，是由多个子系统相互影响、彼此联系结合而成，但又不是工程内单个要素的简单叠加。因此，要在水利工程的治理过程中，将系统论的理念融合进去，达到整体统一。

## 三、现代水利工程治理的基本特征

### （一）治理手段智能化

智能化是指由现代通信与信息技术、计算机网络技术、行业技术、智能控制技术汇集而成的针对某一方面的应用。先进的智能化管理手段是现代水利工程治理区别于传统水利工程管理的一个显著标志，是水利工程治理现代化的重要表象。只有不断探索治理新技术，引进先进治理设施，增强治理工作科技含量，才能推进水利工程治理的现代化、信息化建设，提高水利工程治理的现代化水平。水库大坝自动化安全监测系统、水雨情自动化采集系统、水文预测预报信息化传输系统、运行调度和应急管理的集成化系统等智能化管理手段的应用，将使治理手段更强，保障水平更高。

### （二）治理依据法制化

健全的水利法律法规体系、完善的相关规章制度、规范的水行政执法体系、完善的水利规划体系是现代水利工程治理的重要保障。提升水利管理水平，实现行为规范、运转协调、公正透明、廉洁高效的水行政管理，增强水行政执法力度，提高水利管理制度的权威性和服务效果，都离不开制度的约束和法律的限制。严格执行河道管理范围内建设项目管理，抓好洪水影响评价报告的技术审查，健全水政监察执法队伍，防范控制违法水事案件的发生是现代水利工程治理的一个重要组成部分，也是未来水利工程管理的发展目标。

## （三）治理制度规范化

治理制度的规范化是现代水利工程治理的重要基础，只有将各项制度制定详细且规范，单位职工都照章办事，才能在此基础上将水利工程治理的现代化提上日程。管理单位分类定性准确，机构设置合理，维修经费落实到位，实施管养分离是规范化的基础。单位职工竞争上岗，职责明确到位，建立激励机制，实行绩效考核，落实培训机制，人事劳动制度、学习培训制度、岗位责任制度、请示报告制度、检查报告制度、事故处理报告制度、工作总结制度、工作大事记制度、档案管理制度等各项制度健全是规范化的保障。控制运用、检查观测、维修养护等制度以及启闭机械、电气系统和计算机控制等设备操作制度健全，单位各项工作开展有章可循、按章办事、有条不紊、井然有序是规范化的重要表现。

## （四）治理目标多元化

水利工程治理最基本的目标是在确保水利工程设施完好的基础上，保证工程能够长期安全运行，保障水利工程效益持续充分发挥。随着社会的进步，新时代赋予了水利工程治理的新目标，除了要保障水利工程安全运行外，还要追求水利工程的经济效益、社会效益和生态环境效益。水利工程的经济效益是指在有工程和无工程的情况下，相比较所增加的财富或减少的损失，它不仅指在运行过程中征收回来的水费、电费等，而是从国家或国民经济总体的角度分析，社会各方面能够获得的收入。水利工程的社会效益是指比无工程情况下，在保障社会安定、促进社会发展和提高人民福利方面的作用。水利工程的生态环境效益是指比无工程情况下，对改善水环境、气候及生态环境所获得的利益。

要使水利工程充分发挥良好的综合效益，达到现代化治理的目标，首先，要树立现代治理观念，协调好人与自然、生态、水之间的关系，重视水利工程与经济社会、生态环境的协调发展；其次，要努力构筑适应社会主义市场经济要求、符合水利工程治理特点和发展规律的水利工程治理体系；最后，在采用先进治理手段的基础上，加强水利工程治理的标准化、制度化、规范化构建。

# 第二节　水利工程治理的保障措施

## 一、水利工程治理的工程保障

### （一）以现代水利工程治理理念为引领建设新工程

#### 1. 规划阶段

（1）着眼全局，适度超前

水利规划要根据经济社会发展对水利的需求，兼顾全面和重点、当前和长远、需要和可能，着眼全局，统筹考虑，依托流域重点水利工程建设、区域重大基础设施建设，因势利导，适度超前，实行防洪除涝抗旱并举、开源节流保护并重、建设管理改革并进，促进流域与区域、农村与城市水利协调发展，实现经济效益、社会效益和生态效益有机统一，充分发挥水利综合效益。

（2）科学治水，注重生态

水是生态环境的灵魂，水利工程则是这一灵魂的载体。水利规划要遵循水的自然规律和经济社会发展规律，正确处理人与自然、人和水的关系，合理开发、优化配置、全面节约、有效保护、高效利用水资源。要准确把握现代水网内涵，实现库库、库河、河河联合调度，注重生态湿地建设与塌陷地治理和蓄滞洪区建设相结合，注重防洪、雨洪水资源利用与水网建设相结合，注重洼地治理与河道治理和小水系调整相结合，形成一个大的防洪系统、调水系统和生态循环系统，综合发挥各类水利工程的整体作用。

（3）因地制宜，突出重点

水利规划应依据各地经济社会状况、自然地理条件和水利发展特点，因地制宜，分地区、分领域合理确定现代化建设目标、任务和措施，充分考虑防洪安全、供水安全和生态环境安全等与民生密切相关的发展任务，科学安排水利现代化建设进程，保证建成一处，有效管理一处，充分发挥效益一处。

#### 2. 可行性研究阶段

（1）管理机构方面

在项目的可行性研究阶段要对水利工程的性质进行初步的确定，并明确运行管理体制以及管理机构的人员编制、隶属关系，以便通过相应的渠道落实经费来源。

（2）投资方面

新建水利工程在可行性研究阶段就应进行水利工程运行管理经费测算分析，对水利工程运行管理阶段可能发生的费用进行测算，与水利工程建设投资一起考虑，并且将运行管理资金与建设资金一起考虑筹资方案，从项目的前期就着手解决项目建成后运行经费来源不明、经费短缺的问题。

水利工程运行管理阶段的相关费用主要包括：人员事业经费、办公用品设置费、人员培训费及水利工程维修养护费用。在水利工程运行管理经费测算的基础上，可以进一步对水利工程管理单位进行分类定性，对于纯公益性水管单位和经营性水管单位，因其承担的任务不同，分别定性为事业单位和企业单位；对于准公益性水管单位，测算其收益状况进行定性，不具备自收自支条件的定性为事业单位，具备自收自支条件的定性为企业单位。

（3）风险分析方面

任何项目都存在风险，水利工程也不例外，不仅建设期间存在风险，而且在运行管理期间同样存在风险，应对水利工程运行管理阶段进行风险分析，制定规避风险的措施，与水利工程建设阶段风险分析结合考虑。水利工程运行管理阶段可能存在的风险主要有：产品销售价格和物价波动、管理不善、自然灾害等。

产品销售价格、物价波动：水利工程的经济收入一般是销售水利产品，如出售水和电。在可行性研究阶段要考虑水价、电价发生严重变化的情况，并预测发生的可能原因，加以分析，做好风险防范措施。

管理不善：管理是一门科学，管理出效益，对于任何单位，管理带来的风险和效益都是存在的。水利工程管理单位要充分考虑由于管理不善产生的风险，必要时可设置一定的风险基金。

自然灾害：自然灾害主要是由于各种因素引起的天气变化，对于水利工程来说，主要是降水量的多少、天气干旱情况。应对措施可以采取在水量充足时存储一定的调节水量，并准确预测水量、水质变化趋势。

3. 设计阶段

设计方案的优劣直接影响着工程造价和建成后的运行效果。目前项目管理注重设计方案的优化，在投资一定的情况下采用"限额设计"，既可以满足建设要求，又能满足资金的限制。管理单位是工程最终的使用者，因此要在设计阶段充分表达相关要求，设计单位要为管理单位的设计思想服务，达到用户满意。这一时期管理单位参与进来，运用丰富的经验进行指导，可以形成设计与实践的结合，及时修改完善设计方案，实现优化设计。

管理人员要全方位、全过程参与工程设计阶段的工作，从工程产品的初期就提出用户需求和完善化意见，尤其是参与主要设备的招标文件的编制，参与招标评标，站在使用者的角度在设计阶段检查产品的性能、条件、使用环境技术等与未来使用条件的一致性和合理性，查找设计疏漏，分析设计缺陷，及时提出优化意见，消除运行中的安全隐患，起到既方便运行管理，又节省部分技术改造投资的作用。

### 4. 实施阶段

#### （1）工程施工过程

参与建设过程中的质量、进度、投资控制，对于设备的建造尽量参加设备选型、监造、出厂验收，协助控制设备质量。以最终用户的身份全方位参与建设过程，在工程建成前就消除缺陷，既有利于控制质量，又减少了工程在运行阶段的工作量，减少运行管理费用，有利于工程的良性运行管理。

#### （2）验收过程

参与工程的竣工验收工作，尽量多地掌握工程技术信息和收集相关资料，不仅可以提前熟悉操作技能，而且为工程建成后顺利交付运行管理单位提供了便利条件，为以后设备稳定运行打下了良好基础。

## （二）以现代水利工程治理的需要完善相关工程

### 1. 监视系统建设

建设工程视频监视系统，用来监视工程的日常情况，诸如河流流势，大坝、闸门运行情况及破损情况等，节省人力物力，及时发现和解决问题，提高管理水平，为防洪调度及全流域水资源的统一调度提供准确的实时依据。监视系统建设的总体要求是监视点布局合理、数量足够，信号传输系统快捷、清晰，保证监视的全面性、实时性。

### 2. 监控系统建设

结合先进的计算机网络技术、云计算技术、多媒体技术、通信技术，根据工程管理的需求，建立工程监控系统，通过对各监控点的图像、语音、数据进行处理，实施监控，并结合远程视频技术的应用及时了解水利工程的运行状况，远程控制工程的操作（诸如闸门启闭等），实现统一操作、统一调度，体现工程管理现代化。

### 3. 监测系统建设

完善工程监测设施，建立仪器先进、定点监测与移动监测相结合，监测点全面、传输及时的监测系统，对工程发生的裂缝、渗水、沉陷变形等情况及时监测，准确地传至管理中心，从而做出及时迅速的处理，在改变现有工程设施远不能适应现代管理需要局面的同时，也为地方人民群众生命财产安全提供有效保障。

### 4. 维修养护巡检系统建设

工程维修养护是日常管理重点工作之一，加强维修养护工作，实现维修养护的规范化、系统化、科学化是我们追求的目标，建设大坝、堤防维修养护巡检系统非常必要。结合网络技术、地理编码、地理信息技术、GPS、GPRS、信息安全技术以及移动通信技术，建立维修养护巡检系统，实现信息实时传输，具备考勤、位置查询、巡查问题上报、信息查询及问题协调处理等功能，从而推动维修养护管理工作程序化、精细化。

### 5. 安全评估系统建设

安全评估系统是工程管理现代化的核心要件。工程管理的数据和信息量是大量的，各种数据都需要按一定结构有效地组织起来形成数据库，通过数据库存储及处理系统建设，构建工程管理数字化集成平台。在数据库的基础上建立数学模型，运用数学模型对自然系统进行仿真模拟，对工程实体、水流运动等各种自然现象进行各种尺度的实时模拟，形成一个面向具体应用的虚拟仿真系统，对工程信息进行安全评估与综合处理，为准确揭示和把握工程在运行中遇见的问题提供技术支持。

### 6. 运行管理系统建设

建立内容全面的决策支持库，涵盖诸如国家法律、法规及有关政策，历史上处理同类问题的经验和教训，专家评审意见，流域规划、区域规划、工程规划的布局及其具体要求，各种工程管理的模式、运行管理情况，工程管理考核情况，工程管理技术及相关管理人员技术要求等，形成方案决策的大背景，将数学模拟的各种方案结果置于此大背景下进行优化分析，从中选择一个可行方案。同时，对数学模拟的结果进行后台处理，使之以较强的可视化形式表现出来，为决策者研究、讨论、决策提供支持。

## 二、水利工程治理的投入保障

### （一）完善公共财政投入机制

#### 1. 完善投资体制，优化投资结构

对公益性、准公益性水利工程，要完善以公共财政为主渠道的投资体制，足额落实水管单位基本支出和维修养护经费，建立起各级政府稳定的财政投入机制。

#### 2. 增加财政专项水利资金，提高水利工程管理资金所占比重

在大幅度增加中央和地方财政专项水利资金，并建立健全财政支农资金稳定增长机制的基础上，提高水利工程管理资金在专项资金中的比重，彻底改变"重建轻管"的局面。

3．加强政府投资管理，强化资金监管

健全政府投资决策机制和决策程序，规范投资管理，投资安排要以维修养护年度计划为依据，统筹安排，合理使用；落实政府水利资金管理分级负责制和岗位责任制，建立健全绩效评价制度。

（二）拓宽市场融资渠道

加强对水利工程管理的金融支持，广泛吸引社会资金投资，拓宽市场融资渠道是构建现代水利工程管理投入机制的重要保障。

1．加强对水利工程管理的金融支持

构建现代水利工程管理体系需要大量的资金投入，迫切需要在进一步拓展和完善公共财政主渠道的同时，充分发挥金融机构的重要支撑作用。在经济总量持续扩大的背景下，我国金融机构资产稳步增长，金融资产供给环境不断改善，给水利工程管理提供良好的金融环境。要大幅增加水利工程管理的信贷资金，对符合中央财政贴息规定的水利贷款给予财政贴息。通过长期限、低利息、高额度等优惠政策，发挥中长期政策性贷款对水利工程管理的扶持作用。积极探索公益性水利项目收益权质押贷款和大型水利设备设施融资租赁。

2．广泛吸引社会资金

充分利用资本市场，鼓励有实力的水利企业发行股票、债券和组建基金，鼓励非公有制经济通过特许经营、投资补助等方式进入城市供水、农村水电等水利工程的运营。推进小水库、小塘坝等小型水利设施以承包、租赁、拍卖等形式进行产权流转，引导社会资本投入水利工程管理，努力构建多渠道、多层次、多元化的水利工程管理投入保障机制。

（三）加强工程自身再生能力

1．深化水价改革

（1）补偿成本和费用并合理收益

供水价格由供水成本、费用、税金和利润构成。只有当水利工程供水价格能够补偿水利工程供水的成本和费用时，才能维持水利工程供水管理单位的正常运转；只有当水利工程供水价格能够支撑水利工程供水投资获得合理收益时，才能吸引社会资本投入，解决水利工程供水投入不足的问题。

（2）公平负担

由于各类用水户的用水量、用水性质、经济承受能力等差别较大，如目前农业用水户的经济承受能力低，水利工程供水价格的制定必须考虑到各用水户都有能力支付用水费用。对农业用水，应推进农业水价综合改革，积极推广水价改革和水权交易的成功经验，建立农业灌溉用水总量控制和定额管理制度，加强农业用水计量，合理调整农业水价。

（3）统一政策，分区核定

各地的水资源分布状况、经济发展水平差别较大，如我国东部沿海地区水资源短缺、经济发展水平较高，而我国西南地区水资源较丰富、经济发展水平较低，因此，应在统一政策下，由各地根据实际核定水价。

（4）实行政府指导性定价

因气候因素，不同年际、季节的水资源自然供给状况差别较大，水质也各不相同，因此，水利工程供水应当实行政府指导性定价，具体价格由经营者与相关用水户在政府指导价范围内，根据水市场供求状况、水质等协商确定。

（5）促进水资源高效配置，提高利用效益

在市场经济下，价格是配置资源的主要手段。针对我国水资源时空分布极不均匀，特别是沿海经济发达地区的水资源短缺问题相当严重的现实，水利工程供水定价要体现促进水资源高效配置、提高水利用效益的原则。

（6）水资源和水环境补偿

水是稀缺资源，其所有权归国家；废水、污水的排放和过度利用水资源等都会对水环境产生破坏。水利工程供水价格应当包含补偿水资源所有权和水生态代价的部分。

2. 水电上网电价的政策扶持

（1）水电站建设应给予财税政策支持

水力发电节约了煤炭、石油、天然气等一次能源，建设水电同时完成了一次能源和二次能源的开发，能源开发的环节较少，应该实行优惠的增值税政策，减轻新建水电站的还贷负担，便于水电站建成后的运行管理。

（2）水电站运行时应实行灵活的所得税政策

水电站的所得税，在用于水电站维修养护或更新改造再投资时，应予"先征后返"的政策，以保证水电事业的持续发展。对老少边穷地区的水电项目应明确其税收优惠政策。

# 三、水利工程治理的体制保障

## （一）进一步深化水管单位管理体制改革

### 1. 充分落实财政支付政策

纯公益性水管单位，其编制内在职人员经费、离退休人员经费、公用经费等基本支出应由同级财政负担，工程日常维修养护经费在水利工程维修养护岁修资金中列支，工程更新改造费用纳入基本建设投资计划，由计划部门在非经营性资金中安排。准公益性水管单位，其编制内承担公益性任务的在职人员经费、离退休人员经费、公用经费等基本支出，以及公益性部分的工程日常维修养护经费等项支出，由同级财政负担，更新改造费用纳入基本建设投资计划，由计划部门在非经营性资金中安排。各级财政应落实财政支付政策，保证水利工程的安全运行。

2. 继续推进管养分离

继续积极推行水利工程管养分离，精简管理机构，提高养护水平，降低运行成本。将水利工程维修养护业务和养护人员从水管单位剥离出来，独立或联合组建专业化的养护企业。为确保水利工程管养分离的顺利实施，各级政府和水行政主管部门及有关部门应当努力创造条件，培育维修养护市场主体，规范维修养护市场环境。

（二）推进水管单位内部机制创新

1. 推进岗位匹配机制

在人力资源管理中，一个重要的机制就是个人与岗位的匹配，通过岗位匹配达到人才开发的理想效果。水利工程管理工作的实践证明，职工与岗位相匹配，蕴含着三重相互对应关系：首先，岗位都有特定的要求与相应的报酬；其次，职工想胜任某一个岗位，就应具备相应的才能和动力；最后，工作报酬与个人动力相匹配。因此，水管单位应建立岗位匹配机制，进一步推进定岗定员工作。

2. 构建激励机制

建立激励机制是推进水利工程管理工作的一个重要环节。水管单位可以在事业单位的体制框架内开拓创新，建立荣誉称号、职务晋升、绩效奖金等多种形式的促进人才成长和积极性发挥的激励机制和保障机制，全面调动职工的工作积极性和主动性。

3. 创新绩效评估体系

制定体现科学发展观的绩效评价标准，创新绩效评估体系，对于水管单位建立适应现代水利工程治理的管理方式和管理体制具有重大意义。水管单位应进一步优化评价指标，构建理性、量化的绩效评估体系，提高考核工作的科学化水平，促使职工更加认真、努力地工作，保质保量地完成各项任务。

（三）强化水管单位人才队伍建设

**1. 搞好人才队伍建设规划**

按照科学发展观的要求，搞好人才队伍建设规划，将水管单位水利人才队伍建设纳入水利发展的总体布局。要把促进人才发展作为人才工作的根本出发点，全面分析水管单位水利人才队伍的现状及其面临的形势，根据各类人才成长的特点和基层水管工作的需要，找出人才工作中的薄弱环节，科学制订水利人才资源规划。

**2. 深化各类人才选拔任用制度改革**

坚持德才兼备原则，把品德、知识、能力和业绩作为衡量人才工作的主要标准，不唯学历，不唯资历，不唯职称，不唯身份，不拘一格选人才。充分考虑部分基层水管单位地处偏远地区的实际情况，可以将应届毕业生录取条件的学历要求适度降低，充分吸引具有真才实学的应届毕业生扎根基层，奉献水利事业。

**3. 做好相关业务培训工作**

为进一步提升管理人员的业务知识和技能，应出台加强业务培训工作的相关规定，聘请在水利工程管理方面有着丰富经验的专家或相关人员，切实加强管理人员的业务培训工作，逐步形成培训长效机制，使管理人员在学习领会、充分吃透法律法规和技术规范的基础上，进一步做好水利工程管理工作，有效提升水利工程管理整体水平。

# 第三节 水利工程治理的实现目标

## 一、实现水利工程安全的良性循环

（一）水利工程的防洪安全

水利工程对洪水的防治能力是众所周知的，为了提高水利工程对洪涝的防治效果，我们有必要从水利工程防洪防涝的根本要素出发，通过科学严谨的标准和方案，保证水利工程防洪效果，同时促进水利工程经济效益的进一步提高。一是具备符合实际水利工程防洪标准。水利工程的防洪标准符合现实需要，针对不同地理条件和不同的经济发展能力，划分相应的防洪区域，根据可能发生的洪涝级别及影响程度，综合分析考虑制定具体的防洪措施。此标准应在满足国家标准规范的前提下，切合地方实际，满足应用于地方防洪决策的执行和开展。二是具备完善的防洪体系。各流域自然条件及防洪防涝体系各有差异，因此统筹考虑不同部门的防洪要求，综合分析整个防洪体系中各因素的影响程度，分析确定最优的防洪规划。三是实现防洪工程的效益评价。防洪工程能够有效降低灾害损失，保护人民群众生命财产安全，提高人类生活质量，应是一项造福千秋的环境工程。但防洪工程在发挥防洪除涝功能的同时，也会对与之对应的防洪区域内的生产生活造成影响，应对其防洪效益进行综合评估。结合历史数据中的典型洪水数据进行综合分析，充分反映洪灾损失同地方经济增长之间存在的影响关系，并将计算得出的经济效益作为防洪防涝效益的一部分。

（二）水利工程的供水安全

一是形成安全稳定可靠的供水机制，实现合理用水、高效用水。用水管理是指应用长期供求水的计划、水量分配、取水许可制度、计收水费和水资源费、计划用水和节约用水等手段，对地区、部门、单位及个人使用水资源的活动进行管理，以期达到合理用水、高效用水的目的。从水利工程供水方面而言，依据工程自身实际状况，制订科学合理的供水计划，充分考虑流域范围内的水资源供需矛盾和用水矛盾，将供水总量限制在合理范围之内。依据取水许可制度，规范取水申请、审批、发证程序，落实到位的用水监督管理措施，对社会取水、用水进行有效控制，促进合理开发和使用水资源。通过计收水费和水资源费，强化水资源的社会价值和经济价值，促进形成良好的用水理念和节水意识。通过贴合实际的计划用水需求分析，在水量分配宏观控制下，结合水利工程当年的预测来水量、供水量、需水量，制订年度供水计划，合理满足相关供水需求。二是形成完善的水质安全保障体系。灵活把握水质保护的宣传方式方法教育，提高群众对水源地水体的保护意识，提高群众保护水源的自觉性，有效制止和减少群众污染水源的行为。制定完善水体污染防治标准和制度，从严控制在水源地保护区内新上建设项目。落实水源地保护队伍，强化水源地治安管理。建立健全规章制度，规范水源地保护措施。依据有关要求，实施好水质监测工作，对需要监测的水质进行定期监测和分析，发现水质异常时及时采取有效措施，确保水质达标。三是完善供水应急处理机制，保障供水安全。按区域划定应急水源地，并将水源地类别进行划分，根据缺水程度相继启动应急处理措施。若供水水源严重短缺时，严格实行控制性供水，根据地方发展需要及用水需求划定缺水期的供水优先级别，如优先保障城市居民生活用水。城市枯水期供水的优先级为：首先满足生活用水、生态用水，其次是副食品生产用水，再是重点工业用水，最后是农业用水。主要耗水工业实行限量分时段供水或周期性临时停产。同时，制订水资源保护、城市饮用水水源地保护等规划，对如何保护水资源、防治水污染和涵养水土进行全面界定，有效减少枯水期水污染出现的频度，改善水生态环境，增加河流基量。建立水资源流域统一管理机制，实行水利工程统一调度和水资源的统一配置，提高资源配置的自动化水平和科技含量，提高水资源的使用效率。提高枯水年份水文中长期预报能力、时效和可信度，合理调度蓄水工程供水，缓解供水需求。

### （三）水利工程治理的应急机制

一是水利工程安全管理的预警机制。大中型水利工程逐一建立预警机制，对小型水利工程以乡镇为单位建立预警机制。水利工程安全预警机制的内容主要包括预警组织、预警职责、风险分析与评估、预警信息管理等。水利工程管理单位内部设立安全预警工作部门，并按照相关职责分别负责警况判断、险情预警、危急处置等相关工作。水利工程管理单位安全预警工作部门，每月进行一次安全管理风险分析、预警测算、风险防范、警况处置和预警信息发布，并依据分析研判结果上报当地政府或水利主管部门。水利工程安全管理预警指标体系可从水利工程安全现状、视频监控、应急管理等方面预警，二级指标包括水利从业队伍安全意识与行为、水利工程设备设施运行状况、水利工程重点部位运行状态、水利工程安全环境、水利工程安全管理措施、人员队伍安全培训、视频监控力量、视频监控效果、应急处置力量、险情风险分析、安全事故防范、应急预案等多方面。

二是水利工程安全管理的预报机制。各级水行政主管部门结合水利工程安全管理实际，设立水利系统内安全管理预报部门，负责水利工程安全预警工作的监督管理、水利工程安全管理预警信息等级测算、水利工程安全管理预报信息管理与发布、水利工程风险管理与事故防范工作的督促指导等工作。各级水行政主管部门定期进行水利工程安全管理综合指数测算和预报信息发布。具体水利工程安全管理预报指标体系可从水利工程重点部位、重大安全事故、应急管理等方面预报。二级指标包括水利工程重点部位安全指数、预计危害程度、实际监控状况、历史运行状态、事故发生概率测算、水利技术等级、实施设备新旧程度、实际操控信息化水平、危机应急预案、日常应急演练开展等多方面。

三是水利工程安全管理预警预报的管理机制。建立健全完善的预警管理制度，各级水行政主管部门负责对水利工程管理单位从业人员组织安全管理培训，协助具体部门、单位进行安全预警预报及安全生产政策咨询。同时，为水利工程安全管理预警预报机制的管理提供法律法规支撑。在相关法律规章中，明确规定各有关单位在水利工程安全管理预报机制及安全管理预警机制中的责任和义务，明确界定相关部门的职能和权利。各级水行政主管部门有义务和责任对本区域内的重点水利工程的安全状况进行调查、登记、分析和评估，并对重点工程进行检查、监控。水利工程管理单位自身应具备健全完善的安全管理制度，定期进行安全隐患排查和防范措施的检查落实，并接受相关部门的监督检查。

# 二、实现水利工程运行的良性循环

## （一）水利工程维护的标准化

对水利工程进行科学管理，正确运用，确保工程安全、完整，充分发挥工程和水资源的综合效益，逐步实现工程管理现代化，是促进工农业生产和国民经济发展的重要前提。为确保水利工程发挥应有功能，工程维护应具有一系列标准化的维护体系。对水库、河道、闸坝等水利工程的土、石、混凝土建筑物，金属、木结构，闸门启闭设备，机电动力设备、通信、照明、集控装置及其他附属设备等，必须进行经常性的养护工作，并定期检修，以保持工程完整、设备完好。

## （二）水利工程运行的规范化

### 1. 进一步深化水利工程管养分离

管养分离就是适应市场经济要求，建立精简高效的管理机构，把水利工程的维修养护推向市场，对工程实行物业化管理。管养分离作为一种新体制，能够初步形成符合市场经济原则的工程管理运行机制，通过落实岗位责任制，实行目标管理，定岗、定编、定职、定责，形成精简高效、运转灵活的管理机构，把维修养护职能和人员从管理机构中剥离出来，实现工程管理与维修养护机构和人员分离。通过签订工程管理维修养护合同，提高养护质量，降低养护成本，依法管理，实现工程管理工作的专业化、规范化。管养分离新体制的逐步完善，既能稳定管理队伍，增加职工收入，又能引入竞争机制，提高维修养护人员的责任心、积极性和主动性，发挥事前管理的作用，减少工程损坏，以最少的投入，取得最大的管理效益，促进水利事业的健康发展，促进工程管理现代化水平不断提高，形成一种较为稳定的、能够良性循环的管理模式。

实行管养分离后，将工程管理和维修养护的职能和人员从原管理机构中分离出来，实行管养分离专业化管理，企业化维修养护，成为平等的合同关系。管理层的职能从原来的具体控制运用、维修养护、综合经营转变成对水利工程的资产管理、安全管理、调度方案制订、养护维修招投标及对维修养护作业水平的监督检查等高层次的管理。维修养护队伍主要负责工程的日常维修养护管理，及时发现工程重大问题；当工程出现因管理原因或自然因素造成较大损坏时的维修和工程量较大项目的其他工程管理活动可列入基建程序进行管理。

### 2. 水利工程运行管理规程

一是明确管理单位工作任务。水利工程运行管理目标任务是确保工程安全，充分发挥工程效益，不断提高管理水平。水利工程管理单位主要工作内容包括：贯彻执行有关方针政策和上级主管部门的指示，掌握并熟悉本工程的规划、设计、施工和管理运用等资料，以及上、下游和灌区生产与工程运用有关的情况。进行检查观测、养护修理，随时掌握工程动态，消除工程缺陷。做好水文（特别是洪水）预报，掌握雨情、水情，了解气象情报，做好工程的调度运用和工程防汛工作。应建立水质监测制度，掌握水质污染动态，调查污染来源，了解水质污染所造成的危害，并及时向上级有关部门提出情况和防治要求的报告。因地制宜地利用水土资源，提升资源利用率。配合当地有关部门制订库区的绿化、水土保持和发展生产的规划。经常向群众进行爱护工程、保护水源和防汛保安的宣传教育，结合群众利益发动群众共同管好水库工程。做好工程保卫工作。建立健全各项档案，编写大事记。通过管理运用，积累资料，分析整编，总结经验，不断改进工作。制定、修订本工程的管理办法及有关规定并贯彻执行。二是具备完善的制度体系。水利工程管理单位应建立健全岗位责任制，明确规定各类人员的职责，并建立以下管理工作制度：计划管理制度、技术管理制度、经营管理制度、水质监测制度、财务器材管理制度、安全保卫制度、请示报告和工作总结制度、事故处理报告制度，考核、评比和奖惩制度等。三是明确划定水利工程管理范围。在工程施工时，由管理筹备机构根据工程安全需要，报请上级主管部门同意，并通过地方政府批准，明确划定工程管理范围，设立标志。凡尚未划定管理范围的，管理单位要积极协调政府及有关部门，按照相关法律规章，尽快办理水利工程管理范围划定有关手续。四是充分体现水利工程管理队伍培训效果。认真组织全体职工了解工程结构、特征，熟悉管理业务和本工程的管理办法。所有管理人员都要熟练掌握本岗位的业务。对管理人员，特别是技术人员，要保持相对稳定，不要轻易变动。五是及时总结工作经验。工程管理单位应经常与设计、施工、设备制造、安装和科研部门保持联系，必要时可建立协作关系。根据管理运用情况，及时总结本工程在设计、施工、管理等方面的经验教训，积极补救缺陷，改进管理工作，同时为水利事业提供资料，积累经验。

## 三、实现水利工程生态的良性循环

### （一）增强水利工程生态管理理念

随着经济的快速发展，随之出现了很多环境问题，我国生态环境保护形势不容乐观，特别是随着经济的不断发展对河流水域的破坏日趋严重。这同时让我们水利工程管理从业人员认识到，传统意义上的水利工程管理在满足社会经济发展的需求时，不同程度地忽视了水生态系统本身的需求，而水生态系统的功能退化，也会给人们的长远利益带来损害。未来的水利工程在权衡水资源开发利用与生态和环境保护二者关系的同时，适当采取规范水资源开发的约束机制，理性地探索实践资源开发与生态保护之间的合理平衡点，逐步确立水利工程生态管理理念，从而达到对水资源进行合理的开发与利用，这样不仅能够实现人类对水资源的开发和利用，还尊重和保护自然生态环境。所以，对生态水利工程进行管理意义重大。

一是水利工程生态管理对农业生产影响深远。水利工程生态管理有利于水土保持，可以涵养水源，保护在水利工程局部地区农业用地的土壤质量，促进农业产值的提高，从而进一步促进我国农业的发展。二是水利工程的生态管理可以更好地保护河流多样性。生态水利工程管理要求在进行水利工程施工建设之时，即对水利工程周边水系现状和河流地貌特征进行系统、整体性的调查与评估。主要调查内容包括河流水位变化幅度、河流本身构成的形状、河床是否稳定等诸多方面。此外，它还包括对河流内部生物的考察、观测，以及对河流周边动植物的分布规律、种类和数量进行数据分析，并且建立相应的生物数据库，这样的管理规划会从根本上保护水利工程建设周围流域的生态多样性。三是水利工程的生态管理有利于所在地区局部流域河床岸坡建设与防护。生态水利工程主要强调人与自然环境的和谐统一，在满足工程安全的基础上，注重生态和水文景观，使护岸形势多样化。为了让动植物、水域植物、鱼类等有更好的栖息和繁殖的场所，在生态水利工程管理中要注意避免使用不透水的材料，尽量使用良好垫层结构和反滤结构的堆石，以保证水利建设河床岸坡的生态稳定。四是水利工程的生态管理可以保证对已破坏的河道进行及时修复。生态水利工程有效管理，可以对水生态系统进行及时修复，并促进生态社会效益和经济效益的提升。

（二）明确生态管理标准

随着人类社会经济的发展，水资源的开发利用强度和速度越来越高，水资源的利用也从单向走向了综合。现代水利工程除了灌溉、发电之外，还与防洪、城市供水、调水、渔业、旅游、船运、生态与环境等多目标相联系。一水多用，一个工程为多目标服务已成为普遍的论证、决策原则。单项工程建设逐步发展成流域综合开发，形成流域水利整体系统，工程水利已完成了向资源水利的转变。

但由于水利建设的加快，对环境的影响日益加强，水资源利用、水利工程运行管理引起的环境问题已经受到人们的重视，对水库、河道等水利工程的生态管理标准亟须进行明确。通过水利工程水资源的调度和调配，河道方面须保证具有保证河流健康和基本功能不退化的最小流量，即保证河道生态基流；水库须保证水库的生态蓄水位、生态库容和生态调度，为下游河流保持生态径流量目标提供支持。

## （三）创新水利工程生态管理制度

### 1. 确定水利工程的水权制度

为严格水资源管理制度，须对水权进行合理界定，并建立严格的监督机制。界定水权可按照区域、行业、用水户等要素界定水权。区域水权是指根据地域不同，分别对市、县、乡各级人民政府水的使用权限进行合理分配；行业水权是指根据水的用途，结合各地水资源分布现状，按照工业用水、农业用水、生活用水等进行明确，并同时建立取水许可制度和水资源有偿使用制度，同时确定补偿形式及收费标准；用水户水权是指根据具体用水户用水需求，将水权进行合理分配，由水行政主管部门发放用水许可证，进行用水控制和水量监督。农村用水户的使用权限可通过办理水权证来确定每一用水户相应需求的用水权利，农村用水者协会负责统计用户总计用水量并办理取水许可，用户水权证由协会向用户发放并负责监督和水量调剂，水量调剂将根据制定完成的相应有偿调剂机制予以调剂，保障农村用水户的基本权益。

### 2. 确立水资源有偿使用制度

水资源有偿使用制度，是指水资源使用者向供水者支付一定的报酬取得水资源使用权的行为。《中共中央关于全面深化改革若干重大问题的决定》指出，要实行资源有偿使用制度和生态补偿制度。加快自然资源及其产品价格改革，全面反映市场供求、资源稀缺程度、生态环境损害成本和修复效益。

对水资源来讲，须坚持使用资源付费和谁污染环境、谁破坏生态谁付费原则，对水资源管理和使用进行制度化界定。通过有偿使用水资源确立水资源产权制度，不仅能有效利用水资源，而且能有效保护水资源。水资源有偿使用的目的，在于人们对水资源使用过程中，通过法律制度所构建的权利机制，建立一个体现社会成员对效率和公平追求并为社会所认可，以法律保障实现的利益机制，这个机制包括权利主体的确认、利益取得与分配方式规制、利益成本保护等，以此引导人们理智地开发利用水资源，从而实现合理利用水资源，提高水资源利用效率，防止和减少水资源浪费、破坏、污染，保护水资源的目的。

# 第四章 水利工程建设

## 第一节 水利工程规划设计

### 一、水利勘测

水利勘测是为水利建设而进行的地质勘察和测量。它是水利科学的组成部分。其任务是对拟定开发的江河流域或地区，就有关的工程地质、水文地质、地形地貌、灌区土壤等条件开展调查与勘测，分析研究其性质、作用及内在规律，评价预测各项水利设施与自然环境可能产生的相互影响和出现的各种问题，为水利工程规划、设计与施工运行提供基本资料和科学依据。

水利勘测是水利建设基础工作之一，与工程的投资和安全运行关系十分密切；有时由于对客观事物的认识和未来演化趋势的判断不同，措施失当，往往发生事故或失误。水利勘测须反复调查研究，必须密切配合水利基本建设程序，分阶段逐步深入进行，达到利用自然和改造自然的目的。

#### （一）水利勘测内容

1. 水利工程测量

水利工程测量包括平面高程控制测量、地形测量（含水下地形测量）、纵横断面测量，定线、放线测量和变形观测，等等。

2. 水利工程地质勘察

水利工程地质勘察包括地质测绘、开挖作业、遥感、钻探、水利工程地球物理勘探、岩土试验和观测监测等。用以查明：区域构造稳定性、水库地震；水库渗漏、浸没、塌岸、渠道渗漏等环境地质问题；水工建筑物地基的稳定和沉陷；洞室围岩的稳定；天然边坡和开挖边坡的稳定，以及天然建筑材料状况；等等。随着实践经验的丰富和勘测新技术的发展，环境地质、系统工程地质、工程地质监测和数值分析等，均有较大进展。

### 3. 地下水资源勘察

地下水资源勘察已由单纯的地下水调查、打井开发，向全面评价、合理开发利用地下水发展，如渠灌井灌结合、盐碱地改良、动态监测预报、防治水质污染等。此外，对环境水文地质和资源量计算参数的研究，也有较大提高。

### 4. 灌区土壤调查

灌区土壤调查包括自然环境、农业生产条件对土壤属性的影响，土壤剖面观测，土壤物理性质测定，土壤化学性质分析，土壤水分常数测定以及土壤水盐动态观测。通过调查，研究土壤形成、分布和性状，掌握在灌溉、排水、耕作过程中土壤水、盐、肥力变化的规律。除上述内容外，水文测验、调查和实验也是水利勘测的重要组成部分，但中国的学科划分现多将其列入水文学体系之内。

水利勘测要密切配合水利工程建设程序，按阶段要求逐步深入进行；工程运行期间，还要开展各项观测、监测工作，以策安全。勘测中，既要注意区域自然条件的调查研究，又要着重水工建筑物与自然环境相互作用的勘探试验，使水利设施起到利用自然和改造自然的作用。

## （二）水利勘测特点

### 1. 实践性

实践性即着重现场调查、勘探试验及长期观测、监测等一系列实践工作，以积累资料、掌握规律，为水利建设提供可靠依据。

### 2. 区域性

区域性即针对开发地区的具体情况，运用相应的有效勘测方法，阐明不同地区的各自特征。如山区、丘陵与平原等地形地质条件不同的地区，其水利勘测的任务要求与工作方法，往往大不相同，不能千篇一律。

### 3. 综合性

综合性即充分考虑各种自然因素之间及其与人类活动相互作用的错综复杂关系，掌握开发地区的全貌及其可能出现的主要问题，为采取较优的水利设施方案提供依据。因此，水利勘测兼有水利科学与地学（测量学、地质学与土壤学等）以及各种勘测、试验技术相互渗透、融合的特色。但通常以地学或地质学为学科基础，以测绘制图和勘探试验成果的综合分析作为基本研究途径，是一门综合性的学科。

## 二、水利工程规划设计的基本原则

### （一）确保水利工程规划的经济性和安全性

就水利工程自身而言，其所包含的要素众多，是一项较为复杂与庞大的工程，不仅包括防止洪涝灾害、便于农田灌溉、支持公民的饮用水等要素，也包括保障电力供应、物资运输等方面的要素，因此对于水利工程的规划设计应该从总体层面入手。在科学的指引下，水利工程规划除了要发挥出其最大的效应，也需要将水利科学及工程科学的安全性要求融入规划当中，从而保障所修建的水利工程项目具有足够的安全性保障，在抗击洪涝灾害、干旱、风沙等方面都具有较为可靠的效果。对于河流水利工程而言，由于涉及河流侵蚀、泥沙堆积等方面的问题，水利工程就更须进行必要的安全性措施。除了安全性的要求之外，水利工程的规划设计也要考虑到建设成本的问题，这就要求水利工程构建组织对于成本管理、风险控制、安全管理等都具有十分清晰的了解，从而将这些要素进行整合，得到一个较为完善的经济成本控制方法，使得水利工程的建设资金能够投放到最需要的地方，杜绝浪费资金的状况出现。

### （二）保护河流水利工程的空间异质的原则

河流水利工程的建设也需要将河流的生物群体进行考虑，而对于生物群体的保护也就构成了河流水利工程规划的空间异质原则。所谓的生物群体也就是指在水利工程所涉及的河流空间范围内所具有的各类生物，其彼此之间的互相影响，并在同外在环境形成默契的情况下进行生活，最终构成了较为稳定的生物群体。河流作为外在的环境，实际上其存在也必须与内在的生物群体的存在相融合，具有系统性的体现，只有维护好这一系统，水利工程项目的建设才能够达到其有效性。作为一种人类的主观性活动，水利工程建设将不可避免地会对整个生态环境造成一定的影响，使得河流出现非连续性，最终可能带来不必要的破坏。因此，在进行水利工程规划的时候，有必要对空间异质加以关注。尽管多数水利工程建设并非聚焦于生态目标，而是为了促进经济社会的发展，但在建设当中同样要注意对于生态环境的保护，从而确保所构建的水利工程符合可持续发展的道路。当然，这种对于异质空间保护的思考，有必要对河流的特征及地理面貌等状况进行详细的调查，从而确保所指定的具体水利工程规划能够切实满足当地的需要。

### （三）水利工程规划要注重自然力量的自我调节原则

就传统意义上的水利工程而言，对于自然在水利工程中的作用力的关注是极大的，很多项目的开展得益于自然力量，而并非人力。伴随着现代化机械设备的使用，不少水利项目的建设都寄希望于使用先进的机器设备来对整个工程进行控制，但效果往往并非很好。因此，在具体的水利工程建设中，必须将自然的力量结合到具体的工程规划当中，从而在最大限度地维护原有地理、生态面貌的基础上，进行水利工程建设。当然，对于自然力量的运用也需要进行大量的研究，不仅需要对当地的生态面貌等状况进行较为彻底的研究，而且要在建设过程中竭力维护好当地的生态情况，并且防止外来物种对原有生态进行入侵。事实上，大自然都有自我恢复功能，而水利工程作为一项人为的工程项目，其对于当地的地理面貌进行的改善也必然会通过大自然的力量进行维护，这就要求所建设的水利工程必须将自身的一系列特质与自然进化要求相融合，从而在长期的自然演化过程中，将自身也逐步融合成为大自然的一部分，有利于水利项目长期为当地的经济社会发展服务。

（四）对地域景观进行必要的维护与建设

地域景观的维护与建设也是水利工程规划的重要组成部分，而这也要求所进行的设计必须从长期性角度入手，将水利工程的实用性与美观性加以结合。事实上，在建设过程中，不可避免地会对原有景观进行一定的破坏，这在注意破坏的度的同时，也需要将水利工程的后期完善策略相结合，也即在工程建设后期或使用过程中，对原有的景观进行必要的恢复。当然，整个水利工程的建设应该在尽可能不破坏原有景观的基础之上开展，但不可避免地破坏也要将其写入建设规划当中。另外，水利工程建设本身可能具有较好的美观性，而这也能够为地域景观提供一定的补充。总的来说，对于经管的维护应该尽可能从较小的角度入手，这样既能保障所建设的水利工程具备详尽性的特征，也可以确保每一项小的工程获得很好的完工。值得一提的是，整个水利工程所涉及的景观维护与补充问题都需要进行严格的评价，从而确保所提供的景观不会对原有的生态、地理面貌造成破坏，而这种评估工作也需要涵盖整个水利工程范围，并有必要向外进行拓展，确保评价的完备性。

（五）水利工程规划应遵循一定的反馈原则

水利工程设计主要是模仿成熟的河流水利工程系统的结构，力求最终形成一个健康、可持续的河流水利系统。在河流水利工程项目执行以后，就开始了一个自然生态演替的动态过程。这个过程并不一定按照设计预期的目标发展，可能出现多种可能性。针对具体一项生态修复工程实施以后，一种理想的可能是监测到的各变量是现有科学水平可能达到的最优值，表示水利工程能够获得较为理想的使用与演进效果；另一种差的情况是，监测到的各生态变量是人们可以接受的最低值。在这两种极端状态之间，形成了一个包络图。

## 三、水利工程规划设计的发展与需求

目前在城市水利工程建设当中，把改善水域环境和生态系统作为主要建设目标，同时也是水利现代化建设的重要内容，所以按照现代城市的功能来对流经市区的河流进行归类，大致有两类要求：

对河中水流的要求是：水质清洁、生物多样性、生机盎然和优美的水面规划。

对滨河带的要求是：其规划不仅要使滨河带能充分反映当地的风俗习惯和文化底蕴，同时还要有一定的人工景观，供人们休闲、娱乐和活动。另外，在规划上还要注意文化氛围的渲染，所形成的景观不仅要有现代的气息，同时还要注意与周围环境的协调性，达到自然环境、山水、人的和谐统一。

这些要求充分体现在经济快速发展的带动下社会的明显进步，这也是水利工程建设发展的必然趋势。这就对水利建设者提出了更高的要求，水利建设者在满足人们要求的同时，还要在设计、施工和规划方面进行更好的调整和完善，从而使水利工程建设具有更多的人文、艺术和科学气息，使工程不仅起到美化环境的作用，同时还具有一定的观赏价值。

水利工程不仅实现了人工对山河的改造，同时也起到了防洪抗涝的作用，实现了对水资源的合理保护和利用，从而使之更好地服务人类。水利工程对周围的自然环境和社会环境起到了明显的改善作用。现在人们越来越重视环境的重要性，所以对环境保护的力度不断提高，对资源开发、环境保护和生态保护协调发展加大了重视的力度，在这种大背景下，水利工程设计在强调美学价值的同时，则更注重生态功能的发挥。

## 四、水利工程设计中对环境因素的影响

### （一）水利工程与环境保护

水利工程有助于改善和保护自然环境。水利工程建设主要以水资源的开发利用和防治水害为目的，其基本功能是改善自然环境，如除涝、防洪，为人们的日常生活提供水资源，保障社会经济健康有序地发展，同时还可以减少大气污染。另外，水利工程项目可以调节水库，改善下游水质。水利工程建设将有助于改善水资源分配，满足经济发展和人类社会的需求，同时，水资源也是维持自然生态环境的主要因素。如果在水资源分配过程中，忽视自然环境对水资源的需求，将会引发环境问题。水利工程对环境工程的影响主要表现在对水资源方面的影响，如河道断流、土地退化、下游绿洲消失、湖泊萎缩等生态环境问题，甚至会导致下游环境恶化。工程的施工同样会给当地环境带来影响。若这些问题

不能及时解决，将会限制社会经济的发展。

水利工程既能改善自然环境又能对环境产生负面效应，因此在实际开发建设过程中，要最大限度地保护环境，改善水质，维持生态平衡，将工程效益发挥到最大。要将环境纳入实际规划设计工作中去，并实现可持续发展。

### （二）水利工程建设的环境需求

**1. 防洪的需要**

兴建防洪工程为人类生存提供基本的保障，这是构建水利工程项目的主要目的。从环境的角度分析，洪水是湿地生态环境的基本保障，如河流下游的河谷生态、新疆的荒漠生态等，都需要定期的洪水泛滥以保持生态平衡。因此，在兴建水利工程时必须考虑防洪工程对当地生态环境造成的影响。

**2. 水资源的开发**

水利工程的另一功能是开发利用水资源。水资源不仅是维持生命的基本元素，也是推动社会经济发展的基本保障。水资源的超负荷利用，会造成一系列的生态环境问题，因此在水资源开发过程中强调水资源的合理利用。

### （三）开发土地资源

土地资源是人类赖以生存的保障，通过开发土地，以提高其使用率。针对土地开发利用根据需求和提法的不同分为移民专业和规划专业。移民专业主要是从环境容量、土地的承受能力以及解决的社会问题方面进行考虑。规划专业的重点则是从开发技术的可行性角度进行分析。改变土地的利用方式多种多样，在前期规划设计阶段要充分考虑环境问题，并制订多种可行性方案，择优进行。

# 第二节　水利枢纽

## 一、水利枢纽概述

水利枢纽是为满足各项水利工程兴利除害的目标，在河流或渠道的适宜地段修建的不同类型水工建筑物的综合体。

（一）类型

水利枢纽按承担任务的不同，可分为防洪枢纽、灌溉（或供水）枢纽、水力发电枢纽和航运枢纽等。多数水利枢纽承担多项任务，称为综合性水利枢纽。影响水利枢纽功能的主要因素是选定合理的位置和最优的布置方案。水利枢纽工程的位置一般通过河流流域规划或地区水利规划确定。具体位置须充分考虑地形、地质条件，使各个水工建筑物都能布置在安全可靠的地基上，并能满足建筑物的尺度和布置要求，以及施工的必需条件。水利枢纽工程的布置，一般通过可行性研究和初步设计确定。枢纽布置必须使各个不同功能的建筑物在位置上各得其所，在运用中相互协调，充分有效地完成所承担的任务；各个水工建筑物单独使用或联合使用时水流条件良好，上下游的水流和冲淤变化不影响或少影响枢纽的正常运行，总之技术上要安全可靠；在满足基本要求的前提下，要力求建筑物布置紧凑，一个建筑物能发挥多种作用，减少工程量和工程占地，以减小投资；同时，要充分考虑管理运行的要求和施工便利，工期短。一个大型水利枢纽工程的总体布置是一项复杂的系统工程，需要按系统工程的分析研究方法进行论证确定。

（二）枢纽组成

1. 挡水建筑物

在取水枢纽和蓄水枢纽中，为拦截水流、抬高水位和调蓄水量而设的跨河道建筑物，分为溢流坝（闸）和非溢流坝两类。溢流坝（闸）兼做泄水建筑物。

2. 泄水建筑物

为宣泄洪水和放空水库而设。其形式有岸边溢洪道、溢流坝（闸）、泄水隧洞、闸身泄水孔或坝下涵管等。

3. 取水建筑物

为灌溉、发电、供水和专门用途的取水而设。其形式有进水闸、引水隧洞和引水涵管等。

4. 专门性建筑物

为发电的厂房、调压室，为扬水的泵房、流道，为通航、过木、过鱼的船闸、升船机、筏道、鱼道等。

（三）枢纽位置选择

在流域规划或地区规划中，某一水利枢纽所在河流中的大体位置已基本确定，但其具体位置还须在此范围内通过不同方案的技术经济比较来进行比选。水利枢纽的位置常以其主体——坝（挡水建筑物）的位置为代表。因此，水利枢纽位置的选择常称为坝址选择。有的水利枢纽，只须在较狭的范围内进行坝址选择；有的水利枢纽，则需要先在较宽的范围内选择坝段，然后在坝段内选择坝址。

（四）划分等级

水利枢纽常按其规模、效益和对经济、社会影响的大小进行分等，并将枢纽中的建筑物按其重要性进行分级。对级别高的建筑物，在抗洪能力、强度和稳定性、建筑材料、运行的可靠性等方面都要求高一些，反之就要求低一些，以达到既安全又经济的目的。划分依据：工程规模、效益和在国民经济中的重要性，见表4-1。

表4-1　等级划分（GB5201-94）

| 工程等别 | 水库 | 水电站 | |
|---|---|---|---|
| 工程规模 | 总库容（10 m） | 装机容量（10kW） | |
| Ⅰ | 大（1）型 | >10 | <120 |
| Ⅱ | 大（2）型 | 10~1.0 | 120~30 |
| Ⅲ | 中型 | 1.0~0.1 | 30~5 |
| Ⅳ | 小（1）型 | 0.1~0.01 | 5~1 |
| Ⅴ | 小（2）型 | 0.01~0.001 | <1 |

（五）水利枢纽工程

水利枢纽工程指水利枢纽建筑物（含引水工程中的水源工程）和其他大型独立建筑物。包括挡水工程、泄洪工程、引水工程、发电厂工程、升压变电站工程、航运工程、鱼道工程、交通工程、房屋建筑工程和其他建筑工程。其中挡水工程等前七项为主体建筑工程。

①挡水工程。包括挡水的各类坝（闸）工程。

②泄洪工程。包括溢洪道、泄洪洞、冲砂孔（洞）、防空洞等工程。

③引水工程。包括发电引水明渠、进水口、隧洞、调压井、高压管道等工程。

④发电厂工程。包括地面、地下各类发电厂工程。

⑤升压变电站工程。包括升压变电站、开关站等工程。

⑥航运工程。包括上下游引航道、船闸、升船机等工程。

⑦鱼道工程。根据枢纽建筑物布置情况，可独立列项。与拦河坝相结合的，也可作为

拦河坝工程的组成部分。

⑧交通工程。包括上坝、进厂、对外等场内外永久公路、桥涵、铁路、码头等交通工程。

⑨房屋建筑工程。包括为生产运行服务的永久性辅助生产建筑、仓库、办公、生活及文化福利等房屋建筑和室外工程。

⑩其他建筑工程。包括内外部观测工程，动力线路（厂坝区），照明线路，通信线路，厂坝区及生活区供水、供热、排水等公用设施工程，厂坝区环境建设工程，水情自动测报工程及其他。

## 二、拦河坝水利枢纽布置

拦河坝水利枢纽是为解决来水与用水在时间和水量分配上存在的矛盾，修建的以挡水建筑物为主体的建筑物综合运用体，又称水库枢纽，一般由挡水、泄水、放水及某些专门性建筑物组成。将这些作用不同的建筑物相对集中布置，并保证它们在运行中良好配合的工作，就是拦河水利枢纽布置。

### （一）坝址及坝型选择

#### 1．坝址选择

（1）地质条件

地质条件是建库建坝的基本条件，是衡量坝址优劣的重要条件之一，在某种程度上决定着兴建枢纽工程的难易。工程地质和水文地质条件是影响坝址、坝型选择的重要因素，且往往起决定性作用。

选择坝址，首先要清楚有关区域的地质情况。坚硬完整、无构造缺陷的岩基是最理想的坝基，但如此理想的地质条件很少见，天然地基总会存在这样或那样的地质缺陷，要看能否通过合宜的地基处理措施使其达到筑坝的要求。在该方面必须注意的是：不能疏漏重大地质问题，对重大地质问题要有正确的定性判断，以便决定坝址的取舍或定出防护处理的措施，或在坝利选择和枢纽布置上设法适应坝址的地质条件。对存在破碎带、断层、裂隙、喀斯特溶洞、软弱夹层等坝基条件较差的，还有地震地区，应做充分的论证和可靠的技术措施。坝址选择还必须对区域地质稳定性和地质构造复杂性以及水库区的渗漏、库岸塌滑、岸坡及山体稳定等地质条件做出评价和论证。各种坝型及坝高对地质条件有不同的要求。如拱坝对两岸坝基的要求很高，支墩坝对地基要求也高，次之为重力坝，土石坝要求最低。一般较高的混凝土坝多要求建在岩基上。

（2）地形条件

坝址地形条件必须满足开发任务对枢纽组成建筑物的布置要求。通常，河谷两岸有适宜的高度和必需的挡水前缘宽度时，则对枢纽布置有利。一般来说，坝址河谷狭窄，坝轴线较短，坝体工程量较小，但河谷太窄则不利于泄水建筑物、发电建筑物、施工导流及施工场地的布置，有时反不如河谷稍宽处有利。除考虑坝轴线较短外，对坝址选择还应结合泄水建筑物、施工场地的布置和施工导流方案等综合考虑。枢纽上游最好有开阔的河谷，使在淹没损失尽量小的情况下，能获得较大的库容。

坝址地形条件还必须与坝型相互适应，拱坝要求河谷窄狭；土石坝适应河谷宽阔、岸坡平缓、坝址附近或库区内有高程合适的天然垭口，并且方便归河，以便布置河岸式溢洪道。岸坡过陡，会使坝体与岸坡接合处削坡量过大。对于通航河道，还应注意通航建筑的布置、上河及下河的条件是否有利。对有暗礁、浅滩或陡坡、急流的通航河流，坝轴线宜选在浅滩稍下游或急流终点处，以改善通航条件。有瀑布的不通航河流，坝轴线宜选在瀑布稍上游处以节省大坝工程量。对于多泥沙河流及有漂木要求的河道，应注意坝址位段对取水防沙及漂木是否有利。

（3）建筑材料

在选择坝址、坝型时，当地材料的种类、数量及分布往往起决定性影响。对土石坝，坝址附近应有数量足够、质量能符合要求的土石料场；如为混凝土坝，则要求坝址附近有良好级配的砂石骨料。料场应便于开采、运输，且施工期间料场不会因淹没而影响施工。所以对建筑材料的开采条件、经济成本等，应进行认真的调查和分析。

（4）施工条件

从施工角度来看，坝址下游应有较开阔的滩地，以便布置施工场地、场内交通和进行导流。应对外交通方便，附近有廉价的电力供应，以满足照明及动力的需要。从长远利益来看，施工的安排应考虑今后运用、管理的方便。

（5）综合效益

坝址选择要综合考虑防洪、灌溉、发电、通航、过木、城市和工业用水、渔业以及旅游等各部门的经济效益，还应考虑上游淹没损失以及蓄水枢纽对上、下游生态环境的各方面影响。兴建蓄水枢纽将形成水库，使大片原来的陆相地表和河流型水域变为湖泊型水域，改变了地区自然景观，对自然生态和社会经济产生多方面的环境影响。其有利影响是发展了水电、灌溉、供水、养殖、旅游等水利事业和解除洪水灾害、改善气候条件等，但是，也会给人类带来诸如淹没损失、浸没损失、土壤盐碱化或沼泽化、水库淤积、库区塌岸或滑坡、诱发地震、使水温与水质及卫生条件恶化、生态平衡受到破坏以及造成下游冲刷与河床演变等不利影响。虽然水库对环境的不利影响与水库带给人类的社会经济效益相比，一般说来居次要地位，但处理不当也能造成严重的危害，故在进行水利规划和坝址选择时，必须对生态环境影响问题进行认真研究，并作为方案比较的因素之一加以考虑。不同的坝址、坝型对防洪、灌溉、发电、给水、航运等要求也不相同。至于是否经济，要根据枢纽总造价来衡量。

### 2. 坝型选择

（1）土石坝

在筑坝地区，若交通不便或缺乏"三材"，而当地又有充足实用的土石料，地质方面无大的缺陷，又有合宜的布置河岸式溢洪道的有利地形时，则可就地取材，优先选用土石坝。随着设计理论、施工技术和施工机械方面的发展，近年来，土石坝修建的数量已有明显的增长，而且其施工期较短，造价远低于混凝土坝。我国在中小型工程中，土石坝占有很大的比重。目前，土石坝是世界坝工建设中应用最为广泛和发展最快的坝型。

（2）重力坝

有较好的地质条件，当地有大量的砂石骨料可以利用，交通又比较方便时，一般多考虑修筑混凝土重力坝。可直接由坝顶溢洪，而无须另建河岸溢洪道，抗震性能也较好。

（3）拱坝

当坝址地形为 V 形或 U 形狭窄河谷，且两岸坝肩岩基良好时，则可考虑选用拱坝。它工程量小，比重力坝节省混凝土量 1/2~2/3，造价较低，工期短，也可从坝顶或坝体内开孔泄洪，因而也是近年来发展较快的一种坝型。

## （二）枢纽的工程布置

### 1. 枢纽布置的原则

①为使枢纽能发挥最大的经济效益，进行枢纽布置时，应综合考虑防洪、灌溉、发电、航运、渔业、林业、交通、生态及环境等各方面的要求。应确保枢纽中各主要建筑物，在任何工作条件下都能协调地、无干扰地进行正常工作。

②为方便施工、缩短工期和能使工程提前发挥效益，枢纽布置应同时考虑合理选择施工导流的方式、程序和标准，选择主要建筑物的施工方法，与施工进度计划等进行综合分析研究。工程实践证明，统筹行当不仅能方便施工，还能使部分建筑物提前发挥效益。

枢纽布置应做到在满足安全和运用管理要求的前提下，尽量降低枢纽总造价和年运行费用；如有可能，应考虑使一个建筑物能发挥多种作用。例如，使其做到灌溉和发电相结合；施工导流与泄洪、排沙、放空水库相结合等。

③在不过多增加工程投资的前提下，枢纽布置应与周围自然环境相协调，应注意建筑艺术、力求造型美观，加强绿化环保，因地制宜地将人工环境和自然环境有机地结合起

来，创造出一个完美的、多功能的宜人环境。

2. 枢纽布置方案的选定

水利枢纽设计须通过论证比较，从若干个枢纽布置方案中选出一个最优方案。最优方案应该是技术上先进和可能、经济上合理、施工期短、运行可靠以及管理维修方便的方案。须论证比较的内容如下。

①主要工程量。如土石方、混凝土和钢筋混凝土、砌石、金属结构、机电安装、帷幕和固结灌浆等工程量。

②主要建筑材料数量。如木材、水泥、钢筋、钢材、砂石和炸药等用量。

③施工条件。如施工工期、发电日期、施工难易程度、所需劳动力和施工机械化水平等。

④运行管理条件。如泄洪、发电、通航是否相互干扰，建筑物及设备的运用操作和检修是否方便，对外交通是否便利，等等。

⑤经济指标。指总投资、总造价、年运行费用、电站单位千瓦投资、发电成本、单位灌溉面积投资、通航能力、防洪以及供水等综合利用效益等。

⑥其他。根据枢纽具体情况，须专门进行比较的项目。如在多泥沙河流上兴建水利枢纽时，应注重泄水和取水建筑物的布置对水库淤积、水电站引水防沙和对下游河床冲刷的影响等。

3. 枢纽建筑物的布置

（1）挡水建筑物的布置

为了减少拦河坝的体积，除拱坝外，其他坝型的坝轴线最好短而直，但根据实际情况，有时为了利用高程较高的地形以减少工程量，或为避开不利的地质条件，或为便于施工，也可采用较长的直线或折线或部分曲线。

当挡水建筑物兼有连通两岸交通干线的任务时，坝轴线与两岸的连接在转弯半径与坡度方面应满足交通上的要求。

对于用来封闭挡水高程不足的山垭口的副坝，不应片面追求工程量小，而将坝轴线布置在垭口的山脊上。这样的坝坡可能产生局部滑动，容易使坝体产生裂缝。在这种情况下，一般将副坝的轴线布置在山脊略上游处，避免下游出现贴坡式填土坝坡；如下游山坡过陡，还应适当削坡以满足稳定要求。

（2）泄水及取水建筑物的布置

泄水及取水建筑物的类型和布置，常取决于挡水建筑物所采用的坝型和坝址附近的地质条件。

土坝枢纽：土坝枢纽一般均采用河岸溢洪道作为主要的泄水建筑物，而取水建筑物及辅助的泄水建筑物，则采用开凿于两岸山体中的隧洞或埋于坝下的涵管。若两岸地势陡峭，但有高程合适的马鞍形垭口，或两岸地势平缓且有马鞍形山脊，以及需要修建副坝挡水的地方，其后又有便于洪水归河的通道，则是布置河岸溢洪道的良好位置。如果在这些位置上布置溢洪道进口，但其后的泄洪线路是通向另一河道的，只要经济合理且对另一河道的防洪问题能做妥善处理的，也是比较好的方案。对于上述利用有利条件布置溢洪道的土坝枢纽，枢纽中其他建筑物的布置一般容易满足各自的要求，干扰性也较小。当坝址附近或其上游较远的地方均无上述有利条件时，则常采用坝肩溢洪道的布置形式。

重力坝枢纽：对于混凝土或浆砌石重力坝枢纽，通常采用河床式溢洪道（溢流坝段）作为主要泄水建筑物，而取水建筑物及辅助的泄水建筑物采用设置于坝体内的孔道或开凿于两岸山体中的隧洞。泄水建筑物的布置应使下泄水流方向尽量与原河流轴线方向一致，以利于下游河床的稳定。沿坝轴线上地质情况不同时，溢流坝应布置在比较坚实的基础上。在含沙量大的河流上修建水利枢纽时，泄水及取水建筑物的布置应考虑水库淤积和对下游河床冲刷的影响，一般在多泥沙河流上的枢纽中，常设置大孔径的底孔或隧洞，汛期用来泄洪并排沙，以延长水库寿命；如汛期洪水中带有大量悬移质的细微颗粒时，应研究采用分层取水结构并利用泄水排沙孔来解决浊水长期化问题，减轻对环境的不利影响。

（3）电站、航运及过木等专门建筑物的布置

对于水电站、船闸、过木等专门建筑物的布置，最重要的是保证它们具有良好的运用条件，并便于管理。关键是进、出口的水流条件。布置时，须选择好这些建筑物本身及其进、出口的位置，并处理好它们与泄水建筑物及其进、出口之间的关系。

电站建筑物的布置应使通向上、下游的水道尽量短，水流平顺，水头损失小，进水口应不致被淤积或受到冰块等的冲击；尾水渠应有足够的深度和宽度，平面弯曲度不大，且深度逐渐变化，并与自然河道或渠道平顺连接；泄水建筑物的出口水流或消能设施，应尽量避免抬高电站尾水位。此外，电站厂房应布置在好的地基上，以简化地基处理，同时还应考虑尾水管的高程，避免石方开挖过大；厂房位置还应争取布置在可以先施工的地方，以便早日投入运转。电站最好靠近临交通线的河岸，密切与公路或铁路的联系，便于设备的运输；变电站应有合理的位置，应尽量靠近电站。航运设施的上游进口及下游出口处应有必要的水深，方向顺直并与原河道平顺连接，而且没有或仅有较小的横向水流，以保证船只、木筏不被冲入溢流孔口，船闸和码头或筏道及其停泊处通常布置在同一侧，不宜横穿溢流坝前缘，并使船闸和码头或筏道及其停泊处之间的航道尽量地短，以便在库区内风浪较大时仍能顺利通航。

船闸和电站最好分别布置于两岸，以免施工和运用期间的干扰。如必须布置在同一岸

时，则水电站厂房最好布置在靠河一侧，船闸则靠河岸或切入河岸中布置，这样易于布置引航道。筏道最好布置在电站的另一岸。筏道上游常须设停泊处，以便重新绑扎木或竹筏。在水利枢纽中，通航、过木以及过鱼等建筑物的布置均应与其形式和特点相适应，以满足正常的运用要求。

# 第三节　水库施工

## 一、水库施工的要点

### （一）做好前期设计工作

水库工程设计单位必须明确设计的权利和责任，对于设计规范，由设计单位在设计过程中实施质量管理。设计的流程和设计文件的审核，设计标准和设计文件的保存和发布等一系列都必须依靠工程设计质量控制体系。在设计交接时，由设计单位派出设计代表，做好技术交接和技术服务工作。在交接过程中，要根据现场施工的情况，对设计进行优化，进行必要的调整和变更。对于项目建设过程中确有需要的重大设计变更、子项目调整、建设标准调整、概算调整等，必须组织开展充分的技术论证，由业主委员会提出编制相应文件，报上级部门审查，并报请项目原复核、审批单位履行相应手续；一般设计变更，项目主管部门和项目法人等也应及时履行相应审批程序。由监理审查后报总工批准。对设计单位提交的设计文件，先由业主总工审核后交监理审查，不经监理工程师审查批准的图纸，不能交付施工。坚决杜绝以"优化设计"为名，人为擅自降低工程标准，减少建设内容，造成安全隐患。

### （二）强化施工现场管理

严格进行工程建设管理，认真落实项目法人责任制、招标投标制、建设监理制和合同管理制，确保工程建设质量、进度和安全。业主与施工单位签订的施工承包合同条款中的质量控制、质量保证、要求与说明，承包商根据监理指示，必须遵照执行。承包商在施工过程中必须坚持"三检制"的质量原则，在工序结束时必须经业主现场管理人员或监理工程师值班人员检查、认可，未经认可不得进入下道工序施工，对关键的施工工序，均建立有完整的验收程序和签证制度，甚至监理人员跟班作业。施工现场值班人员采用旁站形式跟班，监督承包商按合同要求进行施工，把握住项目的每一道工序，坚持做到"五个不准"。为了掌握和控制工程质量，及时了解工程质量情况，对施工过程的要素进行核查，并做出施工现场记录，换班时经双方人员签字，值班人员对记录的完整性和真实性负责。

（三）加强管理人员协商

为了协调施工各方关系，业主驻现场工程处每日召开工程现场管理人员碰头会，检查每日工程进度情况、施工中存在的问题，提出改进工作的意见。监理部每月5日、25日召开施工单位生产协调会议，由总监主持，重点解决亟须解决的施工干扰问题，会议形成纪要文件，按工程师的决定执行。根据《工程质量管理实施细则》，施工质量责任按"谁施工谁负责"的原则，承包商加强自检工作，并对施工质量终身负责，坚决执行"质量一票否决权"制度，出现质量事故严格按照事故处理"三不放过"的原则严肃处理。

（四）构建质量监督体系

水库工程质量监督可通过查、看、问、核的方式实施工程质量的监督。查，即抽查；通过严格地对参建各方有关资料的抽查，如抽查监理单位的监理实施细则，监理日志；抽查施工单位的施工组织设计，施工日志、监测试验资料等。看，即查看工程实物，通过对工程实物质量的查看，可以判断有关技术规范、规程的执行情况。一旦发现问题，应及时提出整改意见。问，即查问，参建对象，通过对不同参建对象的查问，了解相关方的法律、法规及合同的执行情况，一旦发现问题，及时处理。核，即核实工程质量，工程质量评定报告体现了质量监督的权威性，同时对参建各方的行为也起到监督作用。

（五）选取泄水建筑物

水库工程泄水建筑物类型有两种；表面溢洪道和深式泄水洞，其主要作用是输沙和泄洪。不管属于哪种类型，其底板高程的确定是重点，具体有两方面要求应考虑。

①根据国家防洪标准50286-2000的要求，我国现阶段防洪标准与以前相比，有所降低。在调洪演算过程中，若以原底板高程为准确定的坝顶高程，低于现状坝顶高程，会造成现状坝高的严重浪费。因此在满足原库区淹没线前提下，除险加固底板高程应适当抬高，同时对底板抬高前后进行经济和技术对比，确保现状坝高充分利用。

②对泄水建筑物进口地形的测量应做到精确无误，并根据实测资料分析泄洪洞进口淤积程度，有无阻死进口现象，是否会影响水库泄洪，对抬高底板的多少应进行经济分析，同时分析下游河道泄流能力。

（六）合理确定限制水位

通常一些水库防洪标准是否应降低须根据坝高以及水头高度而定。若15 m以下坝高土坝且水头小于 10 m，应采用平原区标准，此类情况水库防洪标准相应降低，调洪时保证起调水位合理性应分析考虑两点：第一，若原水库设计中无汛期限制水位，仅存在正常蓄水位时，在调洪时应以正常蓄水位作为起调水位。第二，若原计划中存在汛期限制水位，则应该把原汛期限制水位当作参考依据，同时对水库汛期后蓄水情况应做相应的调查，分析水库管理积累的蓄水资料，总结汛末规律，径流资料从水库建成至今，汛末至第二年灌溉用水止，若蓄至正常蓄水位年份占水库运行年限比例应小于 20%，应利用水库多年来的水量进行适当插补延长，重新确定汛期限制水位，对水位进行起调。若蓄至正常蓄水位的年份占水库运行年限的比例大于 20%，应采用原汛期限制水位为起调水位。

### （七）精细计算坝顶高程

近年来，我国防洪标准有所降低，若采用起调水位进行调洪，坝顶高程与原坝顶高程会在计算过程中产生较大误差，因此确定坝顶高程因利用现有水利资源，以现有坝顶高程为准进行调洪，直至计算坝顶高程接近现状坝顶高程为止。这种做法的优点是利用现有的水利资源，相对提高了水库的防洪能力。

## 二、水库帷幕灌浆施工

### （一）钻孔

灌浆孔测量定位后，钻孔采用 100 型或 150 型回转式地质钻机，直径 91 mm 金刚石或硬质合金钻头。设计孔深 17.5~48.9 m，按单排 2 m 孔距沿坝轴线布孔，分 3 个序次逐渐加密灌浆。钻孔具体要求如下：

①所有灌浆孔按照技施图认真统一编号，精确测量放线并报监理复核，复核认可后方可开钻。开孔位置与技施图偏差 ≥2 cm，最后终孔深度应符合设计规定。若需要增加孔深，必须取得监理及设计人员的同意。

②施工中高度重视机械操作及用电安全，钻机安装要平整牢固，立轴铅直。开孔钻进采用较长粗径钻具，并适当控制钻进速度及压力。井口管埋设好后，选用较小口径钻具继续钻孔。若孔壁坍塌，应考虑跟管钻进。

③钻孔过程中应进行孔斜测量，每个灌段（5 m 左右）测斜一次。各孔必须保证铅直，孔斜率≤测斜结束，将测斜值记录汇总，如发现偏斜超过要求，确认对帷幕灌浆质量有影响，应及时纠正或采取补救措施。

④对设计和监理工程师要求的取芯钻孔，应对岩层、岩性以及孔内各种情况进行详细记录，统一编号，填牌装箱，采用数码摄像，进行岩芯描述并绘制钻孔柱状图。

⑤如钻孔出现塌孔或掉块难以钻进时，应先采取措施进行处理，再继续钻进。如发现集中漏水，应立即停钻，查明漏水部位、漏水量及原因，处理后再进行钻进。

⑥钻孔结束等待灌浆或灌浆结束等待钻进时，孔口应堵盖，妥善加以保护，防止杂物掉入而影响下一道工序的实施和灌浆质量。

（二）洗孔

①灌浆孔在灌浆前应进行钻孔冲洗，孔底沉积厚度不得超过 20 cm。洗孔宜采用清洁的压力水进行裂隙冲洗，直至回水清净为止。冲洗压力为灌浆压力的 80%，该值若>1 mPa 时，采用 1 mPa。

②帷幕灌浆孔（段）因故中断时间间隔超过 24 h 的应在灌浆前重新进行冲洗。

（三）制浆材料及浆液搅拌

该工程帷幕灌浆主要为基础处理，灌入浆液为纯水泥浆，采用 32.5>通硅酸盐水泥，用 150 L 灰浆搅拌机制浆。水泥必须有合格卡，每个批次水泥必须附生产厂家质量检验报告。施工用水泥必须严格按照水泥配制表认真投放，称量误差<3%。受湿变质硬化的水泥一律不得使用。施工用水采用经过水质分析检测合格的水库上游来水，制浆用水量严格按搅浆桶容积准确兑放。水泥浆液必须搅拌均匀，拌浆时用 150 L 电动普通搅拌机，搅拌时间不少于 3 min，浆液在使用前过筛，从开始制备至用完时间<4 h。

（四）灌前压水试验

施工中按自上而下分段卡塞进行压水试验。所有工序灌浆孔按简易压水（单点法）进行，检查孔采用五点法进行压水试验。工序灌浆孔压水试验的压力值，按灌浆压力的 0.6 倍使用，但最大压力不能超过设计水头的 1.5 倍。压水试验前，必须先测量孔内安定水位，检查止水效果，效果良好时，才能进行压水试验。压水设备、压力表、流量表（水表）的安装及规格、质量必须符合规范要求，具体按《水利水电工程钻孔压水试验规程》执行。压水试验稳定标准：压力调到规定数值，持续观察，待压力波动幅度很小，基本保持稳定后，开始读数，每 5 min 测读一次压入流量，当压入流量读数符合下列标准之一时，压水即可结束，并以最有代表性流量读数作为计算值。压水试验完成后，应及时做好资料整理工作，ω 值计算采用公式 $\omega = Q/S.L$，并换算为 Lu 值，与设计进行对比。

（五）灌浆工艺选定

**1. 灌浆方法**

基岩部分采用自上而下孔内循环式分段灌注，射浆管口距孔底≤50 cm，灌段长5~6 m。

**2. 灌浆压力**

采用循环式纯压灌浆，压力表安装在孔口进浆管路上。灌浆压力采用公式 $P1 = P0 + mD$ 计算，式中 $P1$ 为灌浆压力；$P0$ 为岩石表面所允许的压力；$m$ 为灌浆段顶板在岩石中每加深 1 m 所允许增加的压力值；$D$ 为灌浆段顶部上覆地层的厚度。因表层基岩节理、裂隙发育较破碎，$m$ 取 0.15~0.2 m，$P0 = 1.0$。

**3. 浆液配制**

灌浆浆液的浓度按照由稀到浓，逐级调整的严责进行。水灰比按 5∶1，3∶1，2∶1，1∶1，0.8∶1，0.6∶1，0.5∶1 七个级逐级调浓使用，起始水灰比 5∶1。

**4. 浆液调级**

当灌浆压力保持不变，吃浆量持续减少，或当注入率保持不变而灌浆压力持续升高时，不得改变水灰比级别；当某一比级浆液的注入浆量超过 300 L 或灌浆时间已达 1 h，而灌浆压力和注入率均无改变或变化不明显时，应改浓一级；当耗浆量>30 L/ min 时，检查证明没有漏浆、冒浆情况时，应立即越级变换浓浆灌注；灌浆过程中，灌浆压力突然升高或降低，变化较大；或吃浆量突然增加很多，应高度重视，及时汇报值班技术人员进行仔细分析查明原因，并采取相应的调整措施。灌浆过程中如回浆变浓，宜换用相同水灰比新浆进行灌注，若效果不明显，延续灌注 30 min，即可停止灌注。

**5. 灌浆结束标准**

在规定压力下，当注入率≤1 L/ min 时，继续灌注 90 min；当注入率≤0.4L/ min 时，继续灌注 60 min，可结束灌浆。

**6. 封孔**

单孔灌浆结束后，必须及时做好封孔工作。封孔前由监理工程师、施工单位、建设单位技术员共同及时进行单孔验收。验收合格采用全孔段压力灌浆封孔，浆液配比与灌浆浆液相同，即灌什么浆用什么浆封孔，直至孔口不再下沉为止，每孔限 3 d 封好。

（六）灌浆过程中特殊情况处理

冒浆、漏浆、串浆处理：灌浆过程中，应加强巡查，发现岸坡或井口冒浆、漏浆现象，可立即停灌，及时分析找准原因后采取嵌缝、表面封堵、低压、浓浆、限流、限量、间歇灌浆等具体方法处理。相邻两孔发生串浆时，如被串孔具备灌浆条件，可采用串通的两个孔同时灌浆，即同时两台泵分别灌两个孔。另一种方法是先将被串孔用木塞塞住，继续灌浆，待串浆孔灌浆结束，再对被串孔重新扫孔、洗孔、灌浆和钻进。

（七）灌浆质量控制

首先是灌浆前质量控制。灌浆前对孔位、孔深、孔斜率、孔内止水等各道工序进行检查验收，坚持执行质量一票否决制，上一道工序未经检验合格，不得进行下道工序的施工。其次是灌浆过程中质量控制。应严格按照设计要求和施工技术规范严格控制灌浆压力、水灰比、变浆标准等，并严把灌浆结束标准关，使灌浆主要技术参数均满足设计和规范要求。灌浆全过程质量控制先在施工单位内部实行三检制，三检结束报监理工程师最后检查验收、质量评定。为保证中间产品及成品质量，监理单位质检员必须坚守工作岗位，实时掌控施工进度，严格控制各个施工环节，做到多跑、多看、多问，发现问题及时解决。施工中应认真做好原始记录，资料档案汇总整理及时归档。因灌浆系地下隐蔽工程，其质量效果判断主要手段之一是依靠各种记录统计资料，没有完整、客观、详细的施工原始记录资料就无法对灌浆质量进行科学合理的评定。最后是灌浆结束质量检验。所有灌浆生产孔结束14d后，按单元工程划分布设检查孔获取资料对灌浆质量进行评定。

# 三、水库工程大坝施工

## （一）施工工艺流程

### 1. 上游平台以下施工工艺流程

浆砌石坡脚砌筑和坝坡处理→粗砂铺筑→土工布铺设→筛余卵砾石铺筑和碾压→碎石垫层铺筑→砼砌块护坡砌筑→砼锚固梁浇筑→工作面清理

### 2. 上游平台施工工艺流程

平台面处理→粗砂铺筑→天然沙砾料铺筑和碾压→平台砼锚固梁浇筑→砌筑十字波浪砖→工作面清理

### 3. 上游平台以上施工工艺流程

坝坡处理→粗砂铺筑→天然沙砾料铺筑碾压→筛余卵砾石铺筑和碾压→碎石垫层铺筑→砼预制砌块护坡砌筑→砼锚固梁及坝顶砼封顶浇注→工作面清理

4. 下游坝脚排水体处施工工艺流程

浆砌石排水沟砌筑和坝坡处理→土工布铺设→筛余卵砾石分层铺筑和碾压→碎石垫层铺筑→水工砖护坡砌筑工作面清理

5. 下游坝脚排水体以上施工工艺流程

坝坡处理→天然沙砾料铺筑和碾压→预制砌块护坡砌筑→工作面清理

（二）施工方法

1. 坝体削坡

据坝体填筑高度拟按 2~2.5 m 削坡一次。测量人员放样后，采用 1 部 1.0 m³ 反铲挖掘机削坡，预留 20 cm 保护层待填筑反滤料之前，由人工自上而下削除。

2. 上游浆砌石坡脚及下游浆砌石排水沟砌筑

严格按照图纸施工，基础开挖完成并经验收合格后，方可开始砌筑。浆砌石采用铺浆法砌筑，依照搭设的样架，逐层挂线，同一层要大致水平塞垫稳固。块石大面向下，安放平稳，错缝卧砌，石块间的砂浆插捣密实，并做到砌筑表面平整美观。

3. 底层粗砂铺设

底层粗砂沿坝轴方向每 150 m 为一段，分段摊铺碾压。具体施工方法为：自卸车运送粗砂至坝面后，从平台及坝顶向坡面到料，人工摊铺、平整，平板振捣器拉三遍振实；平台部位粗砂垫层人工摊铺平整后，采用光面振动碾顺坝轴线方向碾压压实。

4. 土工布铺设

土工布由人工铺设，铺设过程中，作业人员不得穿硬底鞋及带钉的鞋。土工布铺设要平整，与坡面相贴，呈自然松弛状态，以适应变形。接头采用手提式缝纫机缝合 3 道，缝合宽度为 10 cm，以保证接缝施工质量要求；土工布铺设完成后，必须妥善保护，以防受损。

5. 反滤层铺设

（1）天然沙砾料

自卸车运送天然沙砾料至坝面后从平台及坝顶卸料，推土机机械摊铺，人工辅助平整，然后采用山推 160 推土机沿坡面上下行驶、碾压，碾压遍数为 8 遍；平台处天然沙砾料推土机机械摊铺人工辅助平整后，碾压机械顺坝轴线方向碾压 6 遍。由于 2+700~3+300 坝段平台处天然沙砾料为 70 cm 厚，故应分两层摊铺、碾压。天然沙砾料设计压实标准为相对密度不低于 0.75。

（2）筛余卵砾石

自卸车运送筛余卵砾料至坝面后从平台及坝顶向坡面倒料，推土机机械摊铺，人工辅助平整，然后采用山推 160 推土机沿坡面上下行驶、碾压。上游筛余卵砾料应分层碾压，铺筑厚度不超过 60 cm，碾压遍数为 8 遍；下游坝脚排水体处护坡筛余料按设计分为两层，底层为 50 cm 厚筛余料，上层为 40 cm 厚>20 mm 的筛余料，故应根据设计要求分别铺筑、碾压。筛余卵砾石设计压实标准为孔隙率不大于 25%。

### 6. 混凝土砌块砌筑

（1）施工技术要求

①混凝土砌块自下而上砌筑，砌块的长度方向水平铺设，下沿第一行砌块与浆砌石护脚用现浇 C25 混凝土锚固，锚固混凝土与浆砌石护脚应结合良好。

②从左（或右）下角铺设其他混凝土砌块，应水平方向分层铺设，不得垂直护脚方向铺设。铺设时，应固定两头，均衡上升，以防止产生累计误差，影响铺设质量。

③为增强混凝土砌块护坡的整体性，拟每间隔 150 块顺坝坡垂直坝轴方向设混凝土锚固梁一道。锚固梁采用现浇 C25 混凝土，梁宽 40 cm，梁高 40 cm，锚固梁两侧半块空缺部分用现浇混凝土充填，和锚固梁同时浇筑。

④将连锁砌块铺设至上游 107.4 高程和坝顶部位时，应在平台变坡部位和坝顶部位设现浇混凝土锚固连接砌块，上述部位连锁砌块必须与现浇混凝土锚固。

⑤护坡砌筑至坝顶后，应在防浪墙底座施工完成后浇筑护坡砌块的顶部与防浪墙底座之间的锚固混凝土。

⑥如须进行连锁砌块面层色彩处理时，应清除连锁砌块表面浮灰及其他杂物，如需水洗时，可用水冲洗，待水干后即可进行色彩处理。

⑦根据图纸和设计要求，用砂或天然沙砾料（筛余 2 cm 以上颗粒）填充砌块开孔和接缝。

⑧下游水工连锁砌块和不开孔砌块分界部位可采用切割或 C25 混凝土现浇连接。水工连锁砌块和坡脚浆砌石排水沟之间的连接采用 C25 混凝土现浇连接。

（2）砌块砌筑施工方法

①首先确定数条砌体水平缝的高程，各坝段均以此为基准。然后由测量组把水平基线和垂直坝轴线方向分块线定好，并用水泥砂浆固定基线控制桩，以防止基线的变动造成误差。

②运输预制块，首先用运载车辆把预制块从生产区运到施工区，由人工抬运到护坡面上来。

③用瓦刀把预制块多余的灰渣清除干净，再用特制抬预制块的工具（抬耙）把预制块放到指定位置，与前面已就位的预制块咬合相连锁，咬合式预制块的尺寸 46 cm×34 cm；具体施工时，须用几种专用工具包括：抬的工具，类似于钉耙，我们临时称为抬耙；瓦刀和 80 cm 左右长的撬杠，用来调节预制块的间距和平整度；木棒（或木锤）用来撞击未放进的预制块；常用的铝合金靠尺和水平尺，用来校核预制块的平整度。施工工艺可用五个字来概括：抬、敲、放、调、平。抬指把预制块放到预定位置；敲指用瓦刀把灰渣敲打干净，以便预制快顺利组装；放指二人用专用抬的工具把预制块放到指定位置；调指用专用撬杠调节预制块的间距和高低；平指用水平尺、靠尺和木锤（木棒）来校核预制块的平整度。

### 7. 锚固梁浇筑

在大坝上游坝脚处设以小型搅拌机。按照设计要求混凝土锚固梁高 40 cm，故先由人工开挖至设计深度，人工用胶轮车转运混凝土入仓并振捣密实，人工抹面收光。

## 四、水库除险加固

### （一）水库除险加固的主要方面

第一，继续加强病险水库除险加固建设进度必须半月报制度，按照"分级管理，分级负责"的原则，各级政府都应该建立相应的专项治理资金。每月对地方的配套资金应该到位的情况、投资的完成情况、完工情况、验收情况等进行排序，采取印发文件和网站公示等方式向全国通报。同时，结合病险水库治理的进度，积极稳妥地搞好小型水库的产权制度改革。有除险加固任务的地方也要层层建立健全信息报送制度，指定熟悉业务、认真负责的人员具体负责，保证数据报送及时、准确；同时，对全省、全市所有正在进行的项目进展情况进行排序，与项目的政府主管部门责任人和建设单位责任人名单一并公布，以便接受社会监督。病险水库加固规划时，应考虑增设防汛指挥调度网络及水文水情测报自动化系统、大坝监测自动化系统等先进的管理设施，而且要对不能满足需要的防汛道路及防汛物资仓库等管理设施一并予以改造。

第二，加强管理，确保工程的安全进行，督促各地进一步加强对病险水库除险加固的组织实施和建设管理，强化施工过程的质量与安全监管，以确保工程质量和施工的安全，确保目标任务全面完成。一是要狠抓建设管理，认真地执行项目法人的责任制、招标投标制、建设监理制，加强对施工现场组织和建设管理、科学调配施工力量，努力调动参建各方积极性，切实地把项目组织好、实施好。二是狠抓工作重点，把任务重、投资多、工期长的大中型水库项目作为重点，把项目多的市县作为重点，有针对性地开展重点指导、重点帮扶。三是狠抓工程验收，按照项目验收计划，明确验收责任主体，科学组织，严格把关，及时验收。四是狠抓质量关与安全，强化施工过程中的质量与安全监管，建立完善的质量保证体系，真正地做到建设单位认真负责、监理单位有效控制、施工单位切实保证，政府监督务必到位，确保工程质量和施工一切安全。

（二）水库除险加固的施工

加强对施工人员的文明施工宣传，加强教育，统一思想，使广大干部职工认识到文明施工是企业形象、队伍素质的反映，是安全生产的必要保证，增强现场管理和全体员工文明施工的自觉性。在施工过程中应协调好与当地居民、当地政府的关系，共建文明施工窗口。明确各级领导及有关职能部门和个人的文明施工的责任和义务，从思想上、管理上、行动上、计划上和技术上重视起来，切实地提高现场文明施工的质量和水平。健全各项文明施工的管理制度，如岗位责任制、会议制度、经济责任制、专业管理制度、奖罚制度、检查制度和资料管理制度。对不服从统一指挥和管理的行为，要按条例严格执行处罚。在开工前，全体施工人员应认真学习水库文明公约，遵守公约的各种规定。在现场施工过程中，施工人员的生产管理符合施工技术规范和施工程序要求，不违章指挥，不蛮干。对施工现场不断进行整理、整顿、清扫、清洁和素养，有效地实现文明施工。合理布置场地，各项临时施工设施必须符合标准要求，做到场地清洁、道路平顺、排水通畅、标志醒目，生产环境达到标准要求。按照工程的特点，加强现场施工的综合管理，减少现场施工对周围环境的一切干扰和影响。自觉接受社会监督。要求施工现场坚持做到工完料清，垃圾、杂物集中堆放整齐，并及时处理；坚持做到场地整洁、道路平顺、排水畅通、标志醒目，使生产环境标准化，严禁施工废水乱排放，施工废水严格按照有关要求经沉淀处理后用于洒水降尘。加强施工现场的管理，严格按照有关部门审定批准的平面布置图进行场地建设。临时建筑物、构成物要求稳固、整洁、安全，并且满足消防要求。施工场地采用全封闭的围挡形成，施工场地及道路按规定进行硬化，其厚度和强度要满足施工和行车的需要。按设计架设用电线路，严禁任意去拉线接电，严禁使用所有的电炉和明火烧煮食物。施工场地和道路要平坦、通畅，并设置相应的安全防护设施及安全标志。按要求进行工地主要出入口设置交通指令标志和警示灯，安排专人疏导交通，保证车辆和行人的安全。工程材料、制品构件分门别类、有条有理地堆放整齐；机具设备定机、定人保养，并保持运行正常，机容整洁。同时在施工中严格按照审定的施工组织设计实施各道工序，做到工完料清，场地上无淤泥积水，施工道路平整畅通，以实现文明施工，合理安排施工，尽可能使用低噪声设备严格控制噪声，对于特殊设备要采取降噪声措施，以尽可能地减少噪声对周边环境的影响。现场施工人员要统一着装，一律佩戴胸卡和安全帽，遵守现场各项规章和制度，非施工人员严禁进入施工现场。加强土方施工管理。弃渣不得随意弃置，应运至规定的弃渣场。外运和内运土方时决不准超高，并采取遮盖维护措施，防止泥土沿途遗漏污染到马路。

# 第四节　堤防施工

## 一、水利工程堤防施工

### （一）堤防工程的施工准备工作

**1. 施工注意事项**

施工前应注意施工区内埋于地下的各种管线、建筑物废基、水井等各类应拆除的建筑物，并与有关单位一起研究处理措施。

**2. 测量放线**

测量放线非常重要，因为它贯穿于施工的全过程，从施工前的准备，到施工中，到施工结束以后的竣工验收，都离不开测量工作。如何把测量放线做好，是对测量技术人员一项基本技能的考验和基本要求。目前堤防施工中一般都采用全站仪进行施工控制测量，另外配置水准仪、经纬仪，进行施工放样测量。

①测量人员依据监理提供的基准点、基线、水准点及其他测量资料进行核对、复测，监理施工测量控制网，报请监理审核，批准后予以实施，以利于施工中随时校核。②精度的保障。工程基线相对于相邻基本控制点，平面位置误差保持在±30～50 mm，高程误差不超过±30 mm。③施工中对所有导线点、水准点进行定期复测，对测量资料进行及时、真实的填写，由专人保存，以便归档。

**3. 场地清理**

场地清理包括植被清理和表土清理。其方位包括永久和临时工程、存弃渣场等施工用地需要清理的全部区域的地表。

**（1）植被清理**

用推土机清除开挖区域内的全部树木、树根、杂草、垃圾及监理人指明的其他有碍物，运至监理工程师指定的位置。除监理人另有指示外，主体工程施工场地地表的植被清理，必须延伸至施工图所示最大开挖边线或建筑物基础边线（或填筑边角线）外侧至少5

m 距离。

（2）表土清理

用推土机清楚开挖区域内的全部含细根、草本植物及覆盖草等植物的表层有机土壤，按照监理人指定的表土开挖深度进行开挖，并将开挖的有机土壤运至指定地区存放待用，防止土壤被冲刷流失。

## （二）堤防工程施工放样与堤基清理

在施工放样中，首先沿堤防纵向定中心线和内外边角，同时钉以木桩，要把误差控制在规定值内。当然根据不同堤形，可以在相隔一定距离内设立一个堤身横断面样架，以便能够为施工人员提供参照。堤身放样时，必须按照设计要求来预留堤基、堤身的沉降量。而在正式开工前，还需要进行堤基清理，清理的范围主要包括堤身、铺盖、压载的基面，其边界应在设计基面边线外 30～50 cm。如果堤基表层出现不合格土、杂物等，就必须及时清除，针对堤基范围内的坑、槽、沟等部分，需要按照堤身填筑要求进行回填处理。同时需要耙松地表，这样才能保证堤身与基础结合。当然，假如堤线必须通过透水地基或软弱地基，就必须对堤基进行必要的处理，处理方法可以按照土坝地基处理的方法进行。

## （三）堤防工程度汛与导流

堤防工程施工期跨汛期施工时，度汛、导流方案应根据设计要求和工程需要编制，并报有关单位批准。挡水堤身或围堰顶部高程，按照度汛洪水标准的静水位加波浪爬高与安全加高确定。当度汛洪水位的水面吹程小于 500 m、风速在 5 级（风速 10 m/s）以下时，堤顶高程可仅考虑安全加高。

## （四）堤防工程堤身填筑要点

### 1. 常用筑堤方法

（1）土料碾压筑堤

土料碾压筑堤是应用最多的一种筑堤方法，也是极为有效的一种方法，其通过把土料分层填筑碾压，主要用于填筑堤防的一种工程措施。

（2）土料吹填筑堤

土料吹填筑堤主要是通过把浑水或人工拌制的泥浆，引到人工围堤内，通过降低流速，最终能够沉沙落淤，其主要是用于填筑堤防的一种工程措施。吹填的方法有许多种，包括提水吹填、自流吹填、吸泥船吹填、泥浆泵吹填等。

（3）抛石筑堤

抛石筑堤通常是在软基、水中筑堤或地区石料丰富的情况下使用的，其主要是利用抛投块石填筑堤防。

（4）砌石筑堤

砌石筑堤是采用块石砌筑堤防的一种工程措施。其主要特点是工程造价高，在重要堤防段或石料丰富地区使用较为广泛。

（5）混凝土筑堤

混凝土筑堤主要用于重要堤防段，是采用浇筑混凝土填筑堤防的一种工程措施，其工程造价高。

## 2. 土料碾压筑堤

（1）铺料作业

铺料作业是筑堤的重要组成部分，因此需要根据要求把土料铺至规定部位，禁止把砂（砾）料，或者其他透水料与黏性土料混杂。当然在上堤土料的过程中，需要把杂质清除干净，这主要是考虑到黏性土填筑层中包裹成团的砂（砾）料时，可能会造成堤身内积水囊，这将会大大影响到堤身安全；如果是土料或砾质土，就需要选择进占法或后退法卸料，如果是沙砾料，则需要选择后退法卸料；当出现沙砾料或砾质土卸料发生颗粒分离的现象，就需要将其拌和均匀；需要按照碾压试验确定铺料厚度和土块直径的限制尺寸；如果铺料到堤边，就需要在设计边线外侧各超填一定余量，人工铺料宜为 100 cm，机械铺料宜为 30 cm。

（2）填筑作业

为了更好地提高堤身的抗滑稳定性，需要严格控制技术要求，在填筑作业中如果遇到地面起伏不平的情况，就需要根据水分分层，按照从低处开始逐层填筑的原则，禁止顺坡铺填；如果堤防横断面上的地面坡度陡于 1∶5，则需要把地面坡度削至缓于 1∶5。

如果是土堤填筑施工接头，那很可能会出现质量隐患，这就要求分段作业面的最小长度要大于 100 m，如果人工施工时段长，那可以根据相关标准适当减短；如果是相邻施工段的作业面宜均衡上升，在段与段之间出现高差时，就需要以斜坡面相接；不管选择哪种包工方式，填筑作业面都严格按照分层统一铺土、统一碾压的原则进行，同时还需要配备专业人员，或者用平土机具参与整平作业，避免出现乱铺乱倒，出现界沟的现象；为了使填土层间结合紧密，尽可能地减少层间的渗漏，如果已铺土料表面在压实前已经被晒干，此时就需要洒水湿润。

（3）防渗工程施工

黏土防渗对于堤防工程来说主要是用在黏土铺盖上，而黏土心墙、斜墙防渗体方式在堤防工程中应用较少。黏土防渗体施工，应在清理的无水基底上进行，并与坡脚截水槽和堤身防渗体协同铺筑，尽量减少接缝；分层铺筑时，上下层接缝应错开，每层厚以15~20 cm为宜，层面间应刨毛、洒水，以保证压实的质量；分段、分片施工时，相邻工作面搭接碾压应符合压实作业规定。

（4）反滤、排水工程施工

在进行铺反滤层施工之前，需要对基面进行清理，同时针对个别低洼部分，则需要通过采用与基面相同土料，或者反滤层第一层滤料填平。而在反滤层铺筑的施工中，需要遵循以下几个要求：①铺筑前必须设好样桩，做好场地排水，准备充足的反滤料。②按照设计要求的不同，来选择粒径组的反滤料层厚。③必须从底部向上按设计结构层要求，禁止逐层铺设，同时需要保证层次清楚，不能混杂，也不能从高处顷坡倾倒。④分段铺筑时，应使接缝层次清楚，不能出现发生缺断、层间错位、混杂等现象。

## 二、堤防工程防渗施工技术

### （一）堤防发生险情的种类

堤防发生险情包括开裂、滑坡和渗透破坏，其中，渗透破坏尤为突出。渗透破坏的类型主要有接触流土、接触冲刷、流土、管涌、集中渗透等。由渗透破坏造成的堤防险情主要有：

①堤身险情。该类险情的造成原因主要是堤身填筑密实度以及组成物质的不均匀所致，如堤身土壤组成是砂壤土、粉细沙土壤，或者堤身存在裂缝、孔洞等。跌窝、漏洞、脱坡、散浸是堤身险情的主要表现。

②堤基与堤身接触带险情。该类险情的造成原因是建筑堤防时，没有清基，导致堤基与堤身的接触带的物质复杂、混乱。

③堤基险情。该类险情是由于堤基构成物质中包含了砂壤土和砂层，而这些物质的透水性又极强所致。

### （二）堤防防渗措施的选用

在选择堤防工程的防渗方案时，应当遵循以下原则：首先，对于堤身防渗，防渗体可选择劈裂灌浆、锥探灌浆、截渗墙等。在必要情况下，可帮堤以增加堤身厚度，或挖除、刨松堤身后，重新碾压并填筑堤身。其次，在进行堤防截渗墙施工时，为降低施工成本，要注意采用廉价、薄墙的材料。较为常用的造墙方法有开槽法、挤压法、深沉法，其中，深沉法的费用最低，对于<20 m 的墙深最宜采用该方法。高喷法的费用要高些，但在地下障碍物较多、施工场地较狭窄的情况下，该方法的适应性较高。若地层中含有的砂卵砾石较多且颗粒较大时，应结合使用冲击钻和其他开槽法，该法的造墙成本会相应地提高不少。对于该类地层上堤段险情的处理，还可使用盖重、反滤保护、排水减压等措施。

### （三）堤防堤身防渗技术分析

#### 1. 黏土斜墙法

黏土斜墙法，是先开挖临水侧堤坡，将其挖成台阶状，再将防渗黏性土铺设在堤坡上方，铺设厚度≥2 m，并要在铺设过程中将黏性土分层压实。对于堤身临水侧滩地足够宽且断面尺寸较小的情况，适宜使用该方法。

#### 2. 劈裂灌浆法

劈裂灌浆法，是指利用堤防应力的分布规律，通过灌浆压力在沿轴线方向将堤防劈裂，再灌注适量泥浆形成防渗帷幕，使堤身防渗能力加强。该方法的孔距通常设置为 10 m，但在弯曲堤段，要适当缩小孔距。对于沙性较重的堤防，不适宜使用劈裂灌浆法，这是因为沙性过重，会使堤身弹性不足。

#### 3. 表层排水法

表层排水法，是指在清除背水侧堤坡的石子、草根后，喷洒除草剂，然后铺设粗砂，铺设厚度在 20 cm 左右，再一次铺设小石子、大石子，每层厚度都为 20 cm，最后铺设块石护坡，铺设厚度为 30 cm。

#### 4. 垂直铺塑法

垂直铺塑法，是指使用开槽机在堤顶沿着堤轴线开槽，开槽后，将复合土工膜铺设在槽中，然后使用黏土在其两侧进行回填。该方法对复合土工膜的强度和厚度要求较高。若将复合土工膜深入堤基的弱透水层中，还能起到堤基防渗的作用。

### （四）堤基的防渗技术分析

#### 1. 加盖重技术

加盖重技术，是指在背水侧地面增加盖重，以减小背水侧的出流水头，从而避免堤基渗流破坏表层土，使背水地面的抗浮稳定性增强，降低其出逸比降。针对下卧透水层较深、覆盖层较厚的堤基，或者透水地基，都适宜采用该方法进行处理。在增加盖重的过程中，要选择透水性较好的土料，至少要等于或大于原地面的透水性。而且不宜使用沙性太大的盖重土体，因为沙性太大易造成土体沙漠化，影响周围环境。若盖重太长，要考虑联合使用减压沟或减压井。如果背水侧为建筑密集区或是城区，则不适宜使用该方法。对于盖重高度、长度的确定，要以渗流计算结果为依据。

2. 垂直防渗墙技术

垂直防渗墙技术，是指在堤基中使用专用机建造槽孔，使用泥浆加固墙壁，再将混合物填充至槽孔中，最终形成连续防渗体。它主要包括了全封闭式、半封闭式和悬挂式三种结构类型。全封闭式防渗墙：是指防渗墙穿过相对强透水层，且底部深入相对弱透水层中，在相对弱透水层下方没有相对强透水层。通常情况下，该防渗墙的底部会深入深厚黏土层或弱透水性的基岩中。若在较厚的相对强透水层中使用该方法，会增加施工难度和施工成本。该方式会截断地下水的渗透径流，故其防渗效果十分显著，但同时也易发生地下水排泄、补给不畅的问题，所以会对生态环境造成一定的影响。

半封闭式防渗墙：是指防渗墙经过相对强透水层深入弱透水层中，在相对弱透水层下方有相对强透水层。该方法的防渗稳定性效果较好。影响其防渗效果的因素较多，主要有相对强透水层和相对弱透水层各自的厚度、连续性、渗透系数等。该方法不会对生态环境造成影响。

# 三、堤防绿化的施工

## （一）堤防绿化在功能上下功夫

### 1. 防风消浪，减少地面径流

堤防防护林可以降低风速、削减波浪，从而减小水对大堤的冲刷。绿色植被能够有效地抵御雨滴击溅、降低径流冲刷，减缓河水冲淘，起到护坡、固基、防浪等方面的作用。

### 2. 以树养堤，以树护堤，改善生态环境

合理的堤防绿化能有效地改善堤防工程区域性的生态景观，实现养堤、护堤、绿化、美化的多功能，实现堤防工程的经济、社会和生态三个效益相得益彰，为全面建设和谐社会提供和谐的自然环境。

### 3. 缓流促淤，护堤保土，保护堤防安全

树木干、叶、枝有阻滞水流作用，干扰水流流向，使水流速度放缓，对地表的冲刷能力大大下降，从而使泥沉沙落。同时林带内树木根系纵横，使泥土形成整体，大大提高了土壤的抗冲刷能力，保护了堤防安全。

## 4. 净化环境，实现堤防生态效益

枝繁叶茂的林带，通过叶面的水分蒸腾，起到一定排水作用，可以降低地下水位，能在一定程度上防止由于地下水位升高而引起的土壤盐碱化现象。另外，防护林还能储存大量的水资源，维持环境的湿度，改善局部循环，形成良好的生态环境。

### （二）堤防绿化在植树上保成活

#### 1. 健全管理制度

领导班子要高度重视，成立专门负责绿化苗木种植管理领导小组，制定绿化苗木管理责任制，实施细则、奖惩办法等一系列规章制度。直接责任到人，真正实现分级管理、分级监督、分级落实，全面推动绿化苗木种植管理工作，为打造"绿色银行"起到了保驾护航和良好的监督落实作用。

#### 2. 把好选苗关

近年来，我省堤防上的"劣质树""老头树"，随处可见成材缓慢，不仅无经济效益可言，还严重影响堤防环境的美化，制约经济的发展。要选择种植成材快、木质好，适合黄土地带生长的既有观赏价值又有经济效益的树种。

#### 3. 把好苗木种植关

堤防绿化的布局要严格按照规划，植树时把高低树苗分开，高低苗木要顺坡排开既即整齐美观，又能够使苗木采光充分，有利于生长。绿化苗木种植进程中，根据绿化计划和季节的要求，从苗木品种、质量、价格、供应能力等多方面入手，严格按照计划选择苗木。要严格按照三埋、两踩、一提苗的原则种植，认真按照专业技术人员指导植树的方法、步骤、注意事项完成，既保证整齐美观，又能确保成活率。

### （三）堤防绿化在管理上下功夫

#### 1. 加强法律法规宣传，加大对沿堤群众的护林教育

利用电视、广播、宣传车、散发传单、张贴标语等各种方式进行宣传，目的是使广大群众从思想上认识到堤防绿化对保护堤防安全的重要性和必要性，增强群众爱树、护树的自觉性，形成全员管理的社会氛围。对乱砍滥伐的违法乱纪行为进行严格查处，提高干部群众的守法意识，自觉做环境的绿化者。

#### 2. 加强树木呵护，组织护林专业队

根据树木的生长规律，时刻关注树木的生长情况，做好保墙、施肥、修剪等工作，满

足树木不同时期生长的需要。

### 3. 防治并举，加大对林木病虫害防治的力度

在沿堤设立病虫害观测站，并坚持每天巡查，一旦发现病虫害，及时除治，及时总结树木的常见病、突发病虫害，交流防治心得、经验，控制病虫害的泛滥。易发病虫害有：溃疡病、黑斑病、桑天牛、潜叶蛾等病虫害。针对溃疡病、黑斑病，主要通过施肥、浇水增加营养水分，使其缝壮；针对桑天牛害虫，主要采用清除枸、桑树，断其食源，对病树虫眼插毒签、注射1605、氧化乐果50倍或者100倍溶液等办法；针对潜叶蛾等害虫，主要采用人工喷洒灭幼脲药液的办法。

### （四）堤防防护林发展目标

#### 1. 抓树木综合利用，促使经济效益最大化

为创经济效益和社会效益双丰收，在路口、桥头等重要交通路段，种植一些既有经济价值，又有观赏价值的美化树种，以适应旅游景观的要求，创造美好环境，为打造水利旅游景观做基础。

#### 2. 乔灌结合种植，缩短成材周期

乔灌结合种植，树木成材快，经济效益明显。乔灌结合种植可以保护土壤表层的水土，有效防止水土流失，协调土壤水分。另外，灌木的叶子腐烂后，富含大量的腐殖质，既防止土壤板结，又改善土壤环境，促使植物快速生长，形成良性循环，缩短成材的周期。

#### 3. 坚持科技兴林，提升林业资源多重效益

在堤防绿化实践中，要勇于探索，大胆实践，科学造林。积极探索短周期速生丰产林的栽培技术和管理模式。加大林木病虫害防治力度。管理人员经常参加业务培训，实行走出去、引进来的方式，不断提高堤防绿化水准。

#### 4. 创建绿色长廊，打造和谐的人居环境

为了满足人民日益提高的物质文化生活的需要，在原来绿化、美化的基础上，建设各具特色的堤防公园，使它成为人们休闲娱乐的好去处，实现经济效益、社会效益双丰收。

## 四、生态堤防建设

### （一）生态堤防建设概述

#### 1. 生态堤防的含义

生态堤防是指恢复后的自然河岸或具有自然河岸水土循环的人工堤防，主要是通过扩

大水面积和绿地，设置生物的生长区域，设置水边景观设施，采用天然材料的多孔性构造等措施来实现河道生态堤防建设。在实施过程中要尊重河道实际情况，根据河岸原生态状况，因地制宜，在此基础上稍加"生态加固"，不要做过多的人为建设。

### 2. 生态堤防建设的必要性

原来河道堤防建设，仅是加固堤岸、裁弯取直、修筑大坝等工程，满足了人们对于供水、防洪、航运的多种经济要求。但水利工程对于河流生态系统可能造成不同程度的负面影响：一是自然河流的人工渠道化，包括平面布置上的河流形态直线化，河道横断面几何规则化，河床材料的硬质化；二是自然河流的非连续化，包括筑坝导致顺水流方向的河流非连续化，筑堤引起侧向的水流联通性的破坏。

### 3. 生态堤防的作用

生态堤防在生态的动态系统中具有多种功能，主要表现在：①成为通道，具有调节水量、滞洪补枯的作用。堤防是水陆生态系统内部及相互之间生态流流动的通道，丰水期水向堤中渗透储存，减少洪灾；枯水期储水反渗入河或蒸发，起着滞洪补枯、调节气候的作用。传统上用混凝土或浆砌块石护岸，阻隔了这个系统的通道，就会使水质下降。②过滤的作用，提高河流的自净能力。生态河堤采用种植水中植物，从水中汲取无机盐类营养物，利于水质净化。③能形成水生态特有的景观。堤防有自己特有的生物和环境特征，是各种生态物种的栖息地。

### 4. 生态堤防建设效益

生态堤防建设改善了水环境的同时，也改善了城市生态、水资源和居住条件，并强化了文化、体育、休闲设施，使城市交通功能、城市防洪等再上新的台阶，对于优化城市环境，提升城市形象，改善投资环境，拉动经济增长，扩大对外开放，都将产生直接影响。

## （二）堤防生态的对策

### 1. 堤线布置和堤型的选择

河流形态的多样化是生物物种多样化的前提之一，河流形态的规则化、均一化，会在不同程度上对生物多样性造成影响。堤线的布置要因地制宜，应尽可能保留江河湖泊的自然形态，保留或恢复其蜿蜒性或分汊散乱状态，即保留或恢复湿地、河湾、急流和浅滩。

### 2. 河流断面设计

自然河流的纵、横断面也显示出多样性的变化，浅滩与深潭相间。

### 3. 岸坡的防护

第一，尽可能保持岸坡的原来形态，尽量不破坏岸坡的原生植被，局部不稳定的岸坡可局部采用工程措施加以处理，避免大面积削坡，导致全堤段岸坡断面统一化。

第二，尽可能少用单纯的干砌石、浆砌石或混凝土护坡，宜采用植物护坡，在坡面种植适宜的植物，达到防冲固坡的目的，或者采用生态护坡砖，为增强护坡砖的整体性，可采用互锁式护坡砖，中间预留适当大小的孔洞，以便种植固坡植物。固坡植物生长后，将护坡砖覆盖，既能达到固坡防冲的目的，又能绿化岸坡，使岸坡保持原来的植被形态，为水生生物提供必要的生活环境。

第三，尽可能保护岸坡坡脚附近的深潭和浅滩，这是河床多样化的表现，为生物的生长提供栖息场所，增加与生物的和谐性。坡脚附近的深潭以往一般认为是影响岸坡稳定的主要因素之一，因此，常采用抛石回填，实际上可以采取多种联合措施，减少或避免单一使用抛石回填，从而保护深潭的存在，比如将此处的堤轴线内移，减少堤身荷载对岸坡稳定的影响，或者在坡脚采用阻滑桩处理等。

4. 对已建堤防做必要的生态修复

由于认识和技术的局限性，以往修筑的一些堤防，尤其是城市堤防对生态环境产生的负面影响是存在的，可以采用必要的补救措施，尽可能减少或消除对生态环境的影响。而植物措施是最为经济有效的，如对影响面较大的硬质护坡，可采用打孔种植护坡植物，覆盖硬质护坡，使岸坡恢复原有的绿色状态；也可结合堤防的扩建，对原有堤防进行必要的改造，使其恢复原有的生态功能。

# 第五节 水闸施工

## 一、水闸工程地基开挖施工技术

开挖分为水上开挖和水下开挖。其中涵闸水上部分开挖、旧堤拆除等为水上开挖，新建堤基础面清理、围堰形成前水闸处淤泥清理开挖为水下开挖。

### （一）水上开挖施工

水上开挖采用常规的旱地施工方法。施工原则为"自上而下，分层开挖"。水上开挖包括旧堤拆除、水上边坡开挖及基坑开挖。

1. 旧堤拆除

旧堤拆除在围堰保护下干地施工。为保证老堤基础的稳定性和周边环境的安全性，旧堤拆除不采用爆破方式。干、砌块石部分采用挖掘机直接挖除，开挖渣料可利用部分装运至外海进行抛石填筑或用于石渣填筑，其余弃料装运至监理指定的弃渣场。

**2. 水上边坡开挖**

开挖方式采取旱地施工，挖掘机挖除；水上开挖由高到低依次进行，均衡下降。待围堰形成和水上部分卸载开挖工作全部结束后，方可进行基坑抽水工作，以确保基坑的安全稳定。开挖料可利用部分用于堤身和内外平台填筑，其余弃料运至指定弃料场。

**3. 基坑开挖与支护**

基坑开挖在围堰施工和边坡卸载完毕后进行，开挖前首先进行开挖控制线和控制高程点的测量放样等。开挖过程中要做好排水设施的施工，主要有：开挖边线附近设置临时截水沟，开挖区内设干码石排水沟，干码石采用挖掘机压入作为脚槽。另设混凝土护壁集水井，配水泵抽排，以降低基坑水位。

**（二）水下开挖施工**

**1. 水下开挖施工方法**

①施工准备。水下开挖施工准备工作主要有：弃渣场的选择、机械设备的选型等。

②测量放样。水下开挖的测量放样拟采用全站仪进行水上测量，主要测定开挖范围。浅滩可采用打设竹竿作为标记，水较深的地方用浮子做标记；为避免开挖时毁坏测量标志，标志可设在开挖线外 10 m 处。

③架设吹送管、绞吸船就位。根据绞吸船的吹距（最大可达 1000 m）和弃渣场的位置，吹送管可架设在陆上，也可架设在水上或淤泥上。

④绞吸吹送施工。绞吸船停靠就位、吹送管架设牢固后，即可开始进行绞吸开挖。

**2. 涵闸基坑水下开挖**

①涵闸水下基坑描述。涵闸前后河道由于长期双向过流，其表层主要为流塑状淤泥，对后期干地开挖有较大影响，因此须先采用水下开挖方式清除掉表层淤泥。②施工测量。施工前，对涵闸现状地形实施详细的测量，绘制原始地形图，标注出各部位的开挖厚度。一般采用 50 m² 为分隔片，并在现场布置相应的标志指导施工。③施工方法。在围堰施工前，绞吸船进入开挖区域，根据测量标志开始作业。

**（三）开挖质量控制**

①开挖前进行施工测量放样工作，以此控制开挖范围与深度，并做好过程中的检查。

②开挖过程中安排有测量人员在现场观测，避免出现超、欠挖现象。

③开挖自上而下分层分段施工，随时做成一定的坡势，避免挖区积水。

④水下开挖时，随时进行水下测量，以保证基坑开挖深度。

⑤水闸基坑开挖完成后，沿坡脚打入木桩并堆砂包护面，维持出露边坡的稳定。

⑥开挖完成后对基底高程进行实测，并上报监理工程师审批，以利于下道工序迅速开展。

# 二、水闸排水与止水问题

## （一）水闸设计中的排水问题

### 1. 消力池底板排水孔

消力池底板承受水流的冲击力、水流脉动压力和底部扬压力等作用，应有足够的重量、强度和抗冲耐磨的能力。为了降低护坦底部的渗透压力，可在水平护坦的后半部设置垂直排水孔，孔下铺反滤层。排水孔呈梅花形布置。有一些水闸消力池底板排水孔是从水平护坦的首部一直到尾部全部布设有排水孔。此种布置有待商榷。因为，水流出闸后，经平稳整流后，经陡坡段流向消力池水平底板，在陡坡段末端和底板水平段相交处附近形成收缩水深，为急流，此处动能最大，即流速水头最大，其压强水头最小。如果在此处也设垂直排水孔，在高流速、低压强的作用下，垂直排水孔下的细粒结构，在底部大压力的作用下，有可能被从孔中吸出，久而久之底板将被掏空。故应在消力池底板的后半部设垂直排水孔，以使从底板渗下的水量从消力池的垂直排水孔排出，从而达到减小消力池底板渗透压力的作用。

### 2. 闸基防渗面层排水

水闸在上下游水位差的作用下，上游水从河床入渗，绕经上游防渗铺盖、板桩及闸底板，经反滤层由排水孔至下游。不透水的铺盖、板桩及闸底板等与地基的接触面成为地下轮廓线。地下轮廓线的布置原则是高防低排，即在高水位一侧布置铺盖、板桩、浅齿墙等防渗设施，滞渗延长底板上游的渗径，使作用在底板上的渗透压力减小。在低水位一侧设置面层排水、排渗管等设施排渗，使地基渗水尽快地排出。土基上的水闸多采用平铺式排水，即用透水性较强的粗砂、砾石或卵石平铺在闸底板、护坦等下面。渗流由此与下游连通，降低排水体起点前面闸底上的渗透压力，消除排水体起点后建筑物底面上的渗透压力。排水体一般无须专门设置，而是将滤层中粗粒粒径最大的一层厚度加大，构成排水体。然而，有一些在建水闸工程，其水闸底板后的水平整流段和陡坡段，却没有设平铺式排水体，有的连反滤层都没有，仅在消力池底板处设了排水体。这种设计，将加大闸底板，陡坡段的渗透压力，对水闸安全稳定也极为不利。一般水闸的防渗设计，都应在闸室后水平整流段处开始设排水体，闸基渗透压力在排水体开始处为零。

### 3. 翼墙排水孔

水闸建成后，除闸基渗流外，渗水经从上游绕过翼墙、岸墙和刺墙等流向下游，成为侧向渗流。该渗流有可能造成底板渗透压力的增大，并使渗流出口处发生危害性渗透变形，故应做好侧向防渗排水设施。为了排出渗水，单向水头的水闸可在下游翼墙和护坡设置排水孔，并在挡土墙一侧孔口处设置反滤层。然而，有些设计，却在进口翼墙处也设置了排水孔。此种设计，使翼墙失去了防渗、抗冲、增加渗径的作用，使上游水流不是从垂直流向插入河岸的墙后绕渗，而是直接从孔中渗入墙后，这将减少渗径，增加了渗流的作用，将减小翼墙插入河岸的作用。

### 4. 防冲槽

水流经过海漫后，能量虽然得到进一步消除，但海漫末端水流仍具有一定的冲刷能力，河床仍难免遭受冲刷。故须在海漫末端采取加固措施，即设置防冲槽。常见的防冲槽有抛石防冲槽和齿墙或板桩式防冲槽。在海漫末端处挖槽抛石预留足够的石块，当水流冲刷河床形成冲坑时，预留在槽内的石块沿冲刷的斜坡陡段滚下，铺盖在冲坑的上游斜坡上。防止冲刷坑向上游扩展，保护海漫安全。有些防冲槽采用的是干砌石设计，且设计得非常结实，此种设计不甚合理。因为防冲槽的作用，是有足够量的块石，以随时填补可能造成的冲坑的上游侧表面，护住海漫不被淘刷。因此建议使用抛石防冲为好。

### （二）水闸的止水伸缩缝渗漏问题

#### 1. 渗漏原因

水闸工程中，止水伸缩缝发生渗漏的原因很多，有设计、施工及材料本身的原因等，但绝大多数是由施工引起的。止水伸缩缝施工有严格的施工措施、工艺和施工方法，施工过程中引起渗漏的原因一般有以下几条：①止水片上的水泥渣、油渍等污物没有清除干净就浇筑混凝土，使得止水片与混凝土结合不好而渗漏。②止水片有砂眼、钉孔或接缝不可靠而渗漏。③止水片处混凝土浇筑不密实造成渗漏。④止水片下混凝土浇筑得较密实，但因混凝土的泌水收缩，形成微间隙而渗漏。⑤相邻结构由于出现较大沉降差造成止水片撕裂或止水片锚固松脱引起渗漏。⑥垂直止水预留沥青孔沥青灌填不密实引起渗漏或预制混凝土凹形槽外周与周围现浇混凝土结合不好产生侧向绕流渗水。

#### 2. 止水伸缩缝渗漏的预防措施

（1）止水片上污渍杂物问题

施工过程中，模板上脱模剂时易使止水片沾上脱模剂污渍，所以模板上脱模剂这道工序要安排在模板安装之前并在仓面外完成。浇筑过程中不断会有杂物掉在止水片上，故在初次清除的基础上还要强调在混凝土淹埋止水片时再次清除这道工序。另外，浇筑底层混凝土时就会有混凝土散落在止水片上，在混凝土淹埋止水片时先期落上的混凝土因时间过长而初凝，这样的混凝土会留下渗漏隐患，应及时清除。

（2）止水片砂眼、钉孔和接缝问题

在止水片材料采购时，应严格把关。不但止水片材料的品种、规格和性能要满足规范和设计要求，对其外观也要仔细检查，不合格材料应及时更换。止水片安装时有的施工人员为了固定止水片采用铁钉把止水片钉在模板上，这样会在止水片上留下钉孔，这种方法应避免，而应采取模板嵌固的方法来固定止水片。止水片接缝也是常出现渗漏的地方，金属片接缝一定要采用与母材相同的材料焊接牢固。为了保证焊缝质量和焊接牢固，可以使用直接加双面焊接的方法，焊缝均采用平焊，并且搭接长度≥20 mm。重要部位止水片接头应热压黏接，接缝均要做压水检查验收合格后才能使用。

（3）止水片处混凝土浇筑不密实问题

止水片处混凝土振捣要细致谨慎，选派的振捣工既要有较强的责任心又要有熟练的操作技能。振捣要掌握"火候"，既不能欠振，也不能烂振，振捣时振捣器一定不能触及止水片。混凝土要有良好的和易性，易于振捣密实。

（4）止水处混凝土的泌水收缩问题

选用合适的水泥和级配合理的骨料能有效减少混凝土的泌水收缩。矿渣水泥的保水性较差，泌水性较大，收缩性也大，因此止水处混凝土最好不要用矿渣水泥，而宜用普通硅酸盐水泥配制。另外，混凝土坍落度不能太大，流动性大的混凝土收缩性也大，一般选5~7 cm坍落度为佳。泵送混凝土由于坍落度大不宜采用。

（5）沉降差对止水结构的影响问题

沉降差很难避免，有设计方面的原因，也有施工方面的原因。结构荷载不同，沉降量一般也不同，大的沉降差一般出现在荷载悬殊的结构之间。水闸建筑中，防渗铺盖与闸首、翼墙间荷载较悬殊，会有较大的沉降差。小的沉降差一般不会对止水结构产生危害，因为止水结构本身有一定的变形适应能力。施工方面可采取预沉和设置二次浇筑带的施工措施和方法来减小沉降差：施工计划安排时先安排荷载大的闸首、翼墙施工，让它们先沉降，待施工到相当荷载阶段，沉降较稳定后再施工相邻的防渗铺盖，或在沉降悬殊的结构间预留二次浇筑带，等到两结构沉降较稳定后再浇筑二次混凝土浇筑带。

# 三、水闸施工导流规定

（一）导流施工

1. 导流方案

在水闸施工导流方案的选择上，多数是采用束窄滩地修建围堰的导流方案。水闸施工受地形条件的限制比较大，这就使得围堰的布置只能紧靠主河道的岸边，. 但是在施工中，岸坡的地质条件非常差，极易造成岸坡的坍塌，因此在施工中必须通过技术措施来解决此类问题。在围堰的选择上，要坚持选择结构简单及抗冲刷能力强的浆砌石围堰，基础还要用松木桩进行加固，堰的外侧还要通过红黏土夯措施来进行有效的加固。

2. 截流方法

水利水电工程施工中，我国在堵坝的技术上累积了很多成熟的经验。在截流方法上要积极总结以往的经验，在具体的截流之前要进行周密的设计，可以通过模型试验和现场试验来进行论证，可以采用平堵与立堵相结合的办法进行合龙。土质河床上的截流工程，戗堤常因压缩或冲蚀而形成较大的沉降或滑移，所以导致计算用料与实际用料会存在较大的出入，所以在施工中要增加一定的备料量，以保证工程的顺利施工。特别要注意，土质河床尤其是在松软的土层上筑戗堤截流要做好护底工程，这一工程是水闸工程质量实现的关键。根据以往的实践经验，应该保证护底工程范围的宽广性，对护底工程要排列严密，在护堤工程进行前，要找出抛投料物在不同流速及水深情况下的移动距离规律，这样才能保证截流工程中抛投料物的准确到位。对那些准备抛投的料物，要保证其在浮重状态及动静水作用下的稳定性能。

（二）水闸施工导流规定

①施工导流、截流及度汛应制定专项施工措施设计，重要的或技术难度较大的须报上级审批。

②导流建筑物的等级划分及设计标准应按《水利水电枢纽工程等级划分及设计标准》（平原、滨海部分）有关规定执行。

③当按规定标准导流有困难时，经充分论证并报主管部门批准，可适当降低标准；但汛期前，工程应达到安全度汛的要求。在感潮河口和滨海地区建闸时，其导流挡潮标准不应降低。

④在引水河、渠上的导流工程应满足下游用水的最低水位和最小流量的要求。

⑤在原河床上用分期围堰导流时，不宜过分束窄河面宽度，通航河道尚须满足航运的流速要求。

⑥截流方法、龙口位置及宽度应根据水位、流量、河床冲刷性能及施工条件等因素确定。

⑦截流时间应根据施工进度，尽可能选择在枯水、低潮和非冰凌期。

⑧对土质河床的截流段，应在足够范围内抛筑排列严密的防冲护底工程，并随龙口缩小及流速增大及时投料加固。

⑨合龙过程中，应随时测定龙口的水力特征值，适时改换投料种类、抛投强度和改进抛投技术。截流后，应即加筑前后戗，然后才能有计划地降低堰内水位，并完善导渗、防浪等措施。

⑩在导流期内，必须对导流工程定期进行观测、检查，并及时维护。

⑪拆除围堰前，应根据上下游水位、土质等情况确定充水、闸门开度等放水程序。

⑫围堰拆除应符合设计要求，筑堰的块石、杂物等应拆除干净。

# 四、水闸混凝土施工

（一）施工准备工作

1. 材料选择

（1）水泥

考虑本工程闸室混凝土的抗渗要求及泵送混凝土的泌水小、保水性能好的要求，确定采用 P. O42.5 级普通硅酸盐水泥，并通过掺加合适的外加剂可以改善混凝土的性能，提高混凝土的抗裂和抗渗能力。

（2）粗骨料

采用碎石，粒径 5~25 mm，含泥量不大于 1%。选用粒径较大、级配良好的石子配制混凝土，和易性较好，抗压强度较高，同时可以减少用水量及水泥用量，从而使水泥水化热减少，降低混凝土温升。

（3）细骨料

采用机制混合中砂，平均粒径大于 0.5 mm，含泥量不大于 5%。选用平均粒径较大的中、粗砂拌制的混凝土比采用细砂拌制的混凝土可减少用水量 10%左右，同时相应减少水泥用量，使水泥水化热减少，降低混凝土温升，并可减少混凝土收缩。

（4）矿粉

采用金龙 S95 级矿粉，增加混凝土的和易性，同时相应减少水泥用量，使水泥水化热减少，降低混凝土温升。

（5）粉煤灰

由于混凝土的浇筑方式为泵送，为了改善混凝土的和易性便于泵送，考虑掺加适量的粉煤灰。粉煤灰对降低水化热、改善混凝土和易性有利，但掺加粉煤灰的混凝土早期极限抗拉值均有所降低，对混凝土抗渗抗裂不利，因此要求粉煤灰的掺量控制在15%以内。

（6）外加剂

设计无具体要求，通过分析比较及过去在其他工程上的使用经验，混凝土确定采用微膨胀剂，每立方米混凝土掺入23kg，对混凝土收缩有补偿功能，可提高混凝土的抗裂性。同时考虑到泵送需要，采用高效泵送剂，其减水率大于18%，可有效降低水化热峰值。

2. 混凝土配合比

要求混凝土搅拌站根据设计混凝土的技术指标值、当地材料资源情况和现场浇筑要求，提前做好混凝土试配。

3. 现场准备工作

①基础底板钢筋及闸墩插筋预先安装施工到位，并进行隐蔽工程验收。

②基础底板上的预留闸门门槽底槛采用木模，并安装好门槽插筋。

③将基础底板上表面标高抄测在闸墩钢筋上，并做明显标记，供浇筑混凝土时找平用。

④浇筑混凝土时，预埋的测温管及覆盖保温所需的塑料薄膜、土工布等应提前准备好。

⑤管理人员、现场人员、后勤人员、保卫人员等做好排班，确保混凝土连续浇灌过程中，坚守岗位，各负其责。

## （二）混凝土浇筑

### 1. 浇筑方法

底板浇筑采用泵送混凝土浇筑方法。浇筑顺序沿长边方向，采用台阶分层浇筑方式由右岸向左岸方向推进，每层厚0.4 m，台阶宽度4.0 m。

### 2. 混凝土振捣

混凝土浇筑时，在每台泵车的出灰口处配置3台振捣器，因为混凝土的坍落度比较大，在1.2 m厚的底板内可斜向流淌2 m远左右，1台振捣器主要负责下部斜坡流淌处振捣密实，另外1~2台振捣器主要负责顶部混凝土振捣。为防止混凝土集中堆积，先振捣出料口处混凝土，形成自然流淌坡度，然后全面振捣。振捣时严格控制振动器移动的距离、插入深度、振捣时间，避免各浇筑带交接处的漏振。

3. 混凝土中泌水的处理

混凝土浇筑过程中，上部的泌水和浆水顺着混凝土坡脚流淌，最后集中在基底面，用软管污水泵及时排出，表面混凝土找平后采用真空吸水机工艺脱去混凝土成型后多余的泌水，从而降低混凝土的原始水灰比，提高混凝土强度、抗裂性、耐磨性。

4. 混凝土表面的处理

由于采用泵送商品混凝土坍落度比较大，混凝土表面的水泥砂浆较厚，易产生细小裂缝。为了防止出现这种裂缝，在混凝土表面进行真空吸水后、初凝前，用圆盘式磨浆机磨平、压实，并用铝合金长尺刮平；在混凝土预沉后、混凝土终凝前采取二次抹面压实措施。即用叶片式磨光机磨光，人工辅助压光，这样既能很好地避免干缩裂缝，又能使混凝土表面平整光滑、表面强度提高。

5. 混凝土养护

为防止浇筑好的混凝土内外温差过大，造成温度应力大于同期混凝土抗拉强度而产生裂缝，养护工作极其重要。混凝土浇筑完成及二次抹面压实后立即进行覆盖保温，先在混凝土表面覆盖一层塑料薄膜，再加盖一层土工布。新浇筑的混凝土水化速度比较快，盖上塑料薄膜和土工布后可保温保湿，防止混凝土表面因脱水而产生干缩裂缝。根据外界气温条件和混凝土内部温升测量结果，采取相应的保温覆盖和减少水分蒸发等相应的养护措施，并适当延长拆模时间，控制闸室底板内外温差不超过 25℃，保温养护时间超过 14d。

6. 混凝土测温

闸室底板混凝土浇筑时设专人配合预埋测温管。测温管采用 Φ48×3.0 钢管，预埋时测温管与钢筋绑扎牢固，以免位移或损坏。钢管内注满水，在钢管高、中、低三部位插入 3 根普通温度计，人工定期测出混凝土温度。混凝土测温时间，从混凝土浇筑完成后 6h 开始，安排专人每隔 2h 测 1 次，发现中心温度与表面温度超过允许温差时，及时报告技术部门和项目技术负责人，现场立即采取加强保温养护措施，从而减小温差，避免因温差过大产生的温度应力造成混凝土出现裂缝。随混凝土浇筑后时间延长测温间隔也可延长，测温结束时间，以混凝土温度下降，内外温差在表面养护结束不超过 15℃时为宜。

（三）管理措施

①精心组织，精心施工，认真做好班前技术交底工作，确保作业人员明确工程的质量要求、工艺程序和施工方法，是保证工程质量的关键。

②借鉴同类工程经验，并根据当地材料资源条件，在预先进行混凝土试配的基础上，优化配合比设计，确保混凝土的各项技术指标符合设计和规范规定的要求。

③严格检查验收进场商品混凝土的质量，不合格商品混凝土料，坚决退场；同时严禁混凝土搅拌车在施工现场临时加水。

④加强过程控制，合理分段、分层，确保浇筑混凝土的各层间不出现冷缝；混凝土振捣密实，无漏振，不过振；采用"二次振捣法""二次抹光法"，以增加混凝土的密实性和减少混凝土表面裂缝的产生。

⑤混凝土浇筑完成后，加强养护管理，结合现场测温结果，调整养护方法，确保混凝土的养护质量。

# 第五章 水资源管理

## 第一节 水资源管理概述

### 一、水资源管理的目标

水资源管理的最终目标是使有限的水资源创造最大的社会经济效益和生态环境效益，实现水资源的可持续利用和促进经济社会的可持续发展。水资源管理的基本目标如下：

（一）形成能够高效利用水的节水型社会

在对水资源的需求有新发展的形势下，必须把水资源作为关系到社会兴衰的重要因素来对待，并根据中国水资源的特点，厉行计划用水和节约用水，大力保护并改善天然水质。

（二）建设稳定、可靠的城乡供水体系

在节水战略指导下，预测社会需水量的增长率将保持或略高于人口的增长率。在人口达到高峰以后，随着科学技术的进步，需水增长率也将有所降低。按照这个趋势制订相应计划以求解决各个时期的水供需平衡，提高枯水期的供水安全度及对于特殊干旱的相应对策等，并定期修正计划。

（三）建立综合性防洪安全的社会保障制度

由于人口的增长和经济的发展，如再遇洪水，给社会经济造成的损失将比过去加重很多。在中国的自然条件下江河洪水的威胁将长期存在。因此，要建立综合性防洪安全的社会保障体制，以有效地保护社会安全、经济繁荣和人民生命财产安全，以求在发生特大洪水情况下，不致影响社会经济发展的全局。

（四）加强水环境系统的建设和管理，建成国家水环境监测网

水是维系经济和生态系统的最大关键性要素。通过建设国家和地方水环境监测网和信

息网，掌握水环境质量状况，努力控制水污染发展的趋势，加强水资源保护，实行水量与水质并重、资源与环境一体化管理，以应付缺水与水污染的挑战。

## 二、水资源管理的原则

### （一）维护生态环境，实施可持续发展战略

生态环境是人类生存、生产与生活的基本条件，而水是生态环境中不可缺少的组成要素之一，在对水资源进行开发利用与管理保护时，应把维护生态环境的良性循环放到突出位置，才可能为实施水资源可持续利用，保障人类和经济社会的可持续发展战略奠定坚实的基础。

### （二）地表水与地下水、水量与水质实行统一规划调度

地球上的水资源分为地表水资源与地下水资源，而且地表水资源与地下水资源之间存在一定关系，联合调度，统一配置和管理地表水资源和地下水资源，可以提高水资源的利用效率。水资源的水量与水质既是一组不同的概念，又是一组相辅相成的概念，水质的好坏会影响水资源量的多少，人们谈及水资源量的多少时，往往是指能够满足不同用水要求的水资源量，水污染的发生会减少水资源的可利用量；水资源的水量多少会影响水资源的水质。将同样量的污物排入不同水量的水体，由于水体的自净作用，水体的水质会产生不同程度的变化。在制订水资源开发利用规划时，水资源的水量与水质也须统一考虑。

### （三）加强水资源统一管理

水资源的统一管理包括：水资源应当按流域与区域相结合，实行统一规划、统一调度，建立权威、高效、协调的水资源管理体制；调蓄径流和分配水量，应当兼顾上下游和左右岸用水、航运、竹木流放、渔业和保护生态环境的需要；统一发放取水许可证与统一征收水资源费，取水许可证和水资源费体现了国家对水资源的权属管理，水资源配置规划和水资源有偿使用制度的管理；实施水务纵向一体化管理是水资源管理的改革方向，建立城乡水源统筹规划调配，从供水、用水、排水，到节约用水、污水处理及再利用、水源保护的全过程管理体制，以把水源开发、利用、治理、配置、节约、保护有机地结合起来，实现水资源管理在空间与时间的统一、水质与水量的统一、开发与治理的统一、节约与保护的统一，达到开发利用和管理保护水资源的最佳经济、社会、环境效益的结合。

### （四）保障人民生活和生态环境基本用水，统筹兼顾其他用水

水资源的用途主要有农业用水、工业用水、生活用水、生态环境用水、发电用水、航

运用水、旅游用水、养殖用水等。开发、利用水资源，应当首先满足城乡居民生活用水，并兼顾农业、工业、生态环境用水以及航运等需要。在干旱和半干旱地区开发、利用水资源，应当充分考虑生态环境用水需要。

（五）坚持开源节流并重，节流优先、治污为本的原则

我国水资源总量虽然相对丰富，但人均拥有量少，而在水资源的开发利用过程中，又面临着水污染和水资源浪费等水问题，严重影响水资源的可持续利用，因此，进行水资源管理时，坚持开源节流并重，以及节流优先、治污为本的原则，才能实现水资源的可持续利用。

（六）坚持按市场经济规律办事，发挥市场机制的重要作用

水资源管理中的水资源费和水费经济制度，以及谁耗费水量谁补偿、谁污染水质谁补偿、谁破坏生态环境谁补偿的补偿机制，确立全成本水价体系的定价机制和运行机制，水资源使用权和排水权的市场交易运作机制和规则等，都应在政府宏观监督管理下，运用市场机制和社会机制的规则，管理水资源，发挥市场调节在配置水资源和促进合理用水、节约用水中的作用。

（七）坚持依法治水的原则

进行水资源管理时，必须严格遵守相关的法律法规和规章制度，如《中华人民共和国水法》《中华人民共和国水污染防治法》《中华人民共和国水土保持法》和《中华人民共和国环境法》等。

（八）坚持水资源属于国家所有的原则

《中华人民共和国水法》规定水资源属于国家所有，水资源的所有权由国务院代表国家行使，这从根本上确立了我国的水资源所有权原则。坚持水资源属于国家所有，是进行水资源管理的基本点。

（九）坚持公众参与和民主决策的原则

水资源的所有权属于国家，任何单位和个人引水、截（蓄）水、排水，不得损害公共利益和他人的合法权益，这使得水资源具有公共性的特点，成为社会的共同财富，任何单位和个人都有享受水资源的权利，因此，公共参与和民主决策是实施水资源管理工作时需要坚持的一个原则。

# 三、水资源管理的内容

水资源管理是一项复杂的水事行为，涉及的内容很多，综合国内外学者的研究，水资源管理主要包括水资源水量与质量管理、水资源法律管理、水资源水权管理、水资源行政管理、水资源规划管理、水资源合理配置管理、水资源经济管理、水资源投资管理、水资源统一管理、水资源管理的信息化、水灾害防治管理、水资源宣传教育、水资源安全管理等。

## （一）水资源水量与质量管理

水资源水量与质量管理是水资源管理的基本组成内容之一。水资源水量与质量管理包括水资源水量管理、水资源质量管理，以及水资源水量与水资源质量的综合管理。

## （二）水资源法律管理

法律是国家制定或认可的，由国家强制力保证实施的行为规范，以规定当事人权利和义务为内容的具有普遍约束力的社会规范。法律是国家和人民利益的体现和保障。水资源法律管理是通过法律手段强制性管理水资源行为，是实现水资源价值和可持续利用的有效手段。

## （三）水权管理

水权是指水的所有权、开发权、使用权以及与水开发利用有关的各种用水权利的总称。水权是调节个人之间、地区与部门之间以及个人、集体与国家之间使用水资源及相邻资源的一种权益界定的规则。《中华人民共和国水法》规定水资源属于国家所有，水资源的所有权由国务院代表国家行使。

## （四）水资源行政管理

水资源行政管理是指与水资源相关的各类行政管理部门及其派出机构，在宪法和其他相关法律、法规的规定范围内，对于与水资源有关的各种社会公共事务进行的管理活动，不包括水资源行政组织对内部事务的管理。

## （五）水资源规划管理

开发、利用、节约、保护水资源和防治水害，应当按照流域、区域统一制订规划。规划分为流域规划和区域规划。流域规划包括流域综合规划和流域专业规划，区域规划包括区域综合规划和区域专业规划。综合规划是指根据经济社会发展需要和水资源开发利用现状编制的开发、利用、节约、保护水资源和防治水害的总体部署。专业规划是指防洪、治涝、灌溉、航运、供水、水力发电、竹木流放、渔业、水资源保护、水土保持、防沙治沙、节约用水等规划。

## （六）水资源合理配置管理

水资源合理配置方式是水资源持续利用的具体体现。水资源配置如何，关系到水资源开发利用的效益、公平原则和资源、环境可持续利用能力的强弱。《中华人民共和国水法》规定全国水资源的宏观调配由国务院发展计划主管部门和国务院水行政主管部门负责。

## （七）水资源经济管理

水资源是有价值的，水资源经济管理是通过经济手段对水资源利用进行调节和干预。水资源经济管理是水资源管理的重要组成部分，有助于提高社会和民众的节水意识和环境意识，对于遏制水环境恶化和缓解水资源危机具有重要作用，是实现水资源可持续利用的重要经济手段。

## （八）水资源投资管理

为维护水资源的可持续利用，必须保证水资源的投资。此外，在水资源投资面临短缺时，如何提高水资源的投资效益也是非常重要的。

## （九）水资源统一管理

对水资源进行统一管理，实现水资源管理在空间与时间的统一、质与量的统一、开发与治理的统一、节约与保护的统一，为实施水资源的可持续利用提供基本支撑条件。

## （十）水资源管理的信息化

水资源管理是一项复杂的水事行为，需要收集和处理大量的信息，在复杂的信息中又需要及时得到处理结果，提出合理的管理方案，使用传统的方法很难达到这一要求。基于现代信息技术，建立水资源管理信息系统，能显著提高水资源的管理水平。

## （十一）水灾害防治管理

水灾害是影响我国最广泛的自然灾害，也是我国经济建设、社会稳定敏感度最大的自然灾害。危害最大、范围最广、持续时间较长的水灾害有干旱、洪水、涝渍、风暴潮、灾害性海浪、泥石流、水生态环境灾害。

### （十二）水资源宣传教育

通过书刊、报纸、电视、讲座等多种形式与途径，向公众宣传有关水资源信息和业务准则，提高公众对水资源的认识。同时，搭建不同形式的公众参与平台，提高公众对水资源管理的参与意识，为实施水资源的可持续利用奠定广泛与坚实的群众基础。

### （十三）水资源安全管理

水资源安全是水资源管理的最终目标。水资源是人类赖以生存和发展的不可缺少的一种宝贵资源，也是自然环境的重要组成部分，因此，水资源安全是人类生存与社会可持续发展的基础条件。

# 第二节　水资源水量及水质管理

## 一、水资源水量管理

### （一）水资源总量

水资源总量是地表水资源量和地下水资源量两者之和，这个总量应是扣除地表水与地下水重复量之后的地表水资源和地下水资源天然补给量的总和。由于地表水和地下水相互联系和相互转化，故在计算水资源总量时，须将地表水与地下水相互转化的重复水量扣除。水资源总量的计算公式为：

$$W = R + Q - D \tag{5-1}$$

公式中：$W$ 为水资源总量；$R$ 为地表水资源量；$Q$ 为地下水资源量；$D$ 为地表水与地下水相互转化的重复水量。

水资源总量中可能被消耗利用的部分称为水资源可利用量。包括地表水资源可利用量和地下水资源可利用量，水资源可利用量是指在可预见的时期内，在统筹考虑生活、生产和生态环境用水的基础上，通过经济合理、技术可行的措施，在当地水资源中可一次性利用的最大水量。

### （二）水资源供需平衡管理

水是基础性的自然资源和战略性的经济资源，是生态环境的控制性要素。水资源的可持续利用，是城市乃至国家经济社会可持续发展极为重要的保证，也是维护人类环境极为重要的保证。我国人均、亩均占有水资源量少，水资源时空分布极为不均匀。特别是西北干旱、半干旱区，水资源是制约当地社会经济发展和生态环境改善的主要因素。

1. 水资源供需平衡分析的意义

城市水资源供需平衡分析是指在一定范围内（行政、经济区域或流域）不同时期的可供水量和需水量的供求关系分析。其目的有三：一是通过可供水量和需水量的分析，弄清楚水资源总量的供需现状和存在的问题；二是通过不同时期、不同部门的供需平衡分析，预测未来了解水资源余缺的时空分布；三是针对水资源供需矛盾，进行开源节流的总体规划，明确水资源综合开发利用保护的主要目标和方向，以实现水资源的长期供求计划。因此，水资源供需平衡分析是国家和地方政府制订社会经济发展计划和保护生态环境必须进行的行动，也是进行水源工程和节水工程建设，加强水资源、水质和水生态系统保护的重要依据。开展此项工作，有助于使水资源的开发利用获得最大的经济、社会和环境效益，满足社会经济发展对水量和水质日益增长的要求，同时在维护资源的自然功能、维护和改善生态环境的前提下，实现社会经济的可持续发展，使水资源承载力、水环境承载力相协调。

2. 水资源供需平衡分析的原则

水资源供需平衡分析涉及社会、经济、环境生态等方面，不管是从可供水量还是需水量方面分析，牵涉面广且关系复杂。因此，水资源供需平衡分析必须遵循以下原则：

（1）长期与近期相结合原则

水资源供需平衡分析实质上就是对水的供给和需求进行平衡计算。水资源的供与需不仅受自然条件的影响，更重要的是受人类活动的影响。在社会不断发展的今天，人类活动对供需关系的影响已经成为基本的因素，这种影响又随着经济条件的不断改善而发生阶段性的变化。因此，在进行水资源供需平衡分析时，必须有中长期的规划，做到未雨绸缪，不能临渴掘井。

（2）宏观与微观相结合原则

宏观与微观相结合原则即大区域与小区域相结合，单一水源与多个水源相结合，单一用水部门与多个用水部门相结合。水资源具有区域分布不均匀的特点，在进行全省或全市（县）的水资源供需平衡分析时，往往以整个区域内的平衡值来计算，这就势必造成全局与局部矛盾。大区域内水资源平衡了，各小区域内可能有亏有盈。因此，在进行大区域的水资源供需平衡分析后，还必须进行小区域的供需平衡分析，只有这样才能反映各小区域的真实情况，从而提出切实可行的措施。

在进行水资源供需平衡分析时，除了对单一水源地（如水库、河闸和机井群）的供需平衡加以分析外，更应重视对多个水源地联合起来的供需平衡进行分析，这样可以最大限度地发挥各水源地的调节能力和提高供水保证率。

由于各用水部门对水资源的量与质的要求不同，对供水时间的要求也相差较大，因此在实践中许多水源是可以重复交叉使用的。例如，内河航运与养鱼、环境用水相结合，城市河湖用水、环境用水和工业冷却水相结合等。一个地区水资源利用得是否科学，重复用水量是一个很重要的指标。因此，在进行水资源供需平衡分析时，除考虑单一用水部门的特殊需要外，本地区各用水部门应综合起来统一考虑，否则往往会造成很大的损失。这对一个地区的供水部门尚未确定安置地点的情况尤为重要。这项工作完成后可以提出哪些部门设在上游，哪些部门设在下游，或哪些部门可以放在一起等合理的建议，为将来水资源合理调度创造条件。

（3）科技、经济、社会三位一体统一考虑原则

对现状或未来水资源供需平衡的分析都涉及技术和经济方面的问题、行业间的矛盾，以及省、市之间的矛盾等社会问题。在解决实际的水资源供需不平衡的许多措施中，被采用的可能是技术上合理，而经济上并不一定合理的措施；也可能是矛盾最小，但技术与经济上都不合理的措施。因此，在进行水资源供需平衡分析时，应统一考虑以下三种因素，即社会矛盾最小、技术与经济都比较合理，并且综合起来最为合理（对某一因素而言并不一定是最合理的）。

（4）水循环系统综合考虑原则

水循环系统指的是人类利用天然的水资源时所形成的社会循环系统。人类开发利用水资源经历三个系统：供水系统、用水系统、排水系统。这三个系统彼此联系、相互制约。从水源地取水，经过城市供水系统净化，提升至用水系统；经过使用后，受到某种程度的污染流入城市排水系统；经过污水处理厂处理后，一部分退至下游，一部分达到再生水回用的标准重新返回到供水系统中，或回到用户再利用，从而形成了水的社会循环。

## 二、水资源水质管理

水体的水质标志着水体的物理（如色度、浊度、臭味等）、化学（无机物和有机物的含量）和生物（细菌、微生物、浮游生物、底栖生物）的特性及其组成的状况。在水文循环过程中，天然水水质会发生一系列复杂的变化，自然界中完全纯净的水是不存在的，水体的水质一方面取决于水体的天然水质，而更加重要的是随着人口和工农业的发展而导致的人为水质水体污染。因此，要对水资源的水质进行管理，通过调查水资源的污染源实行水质监测，进行水质调查和评价，制订有关法规和标准，制定水质规划等。水资源水质

管理的目标是注意维持地表水和地下水的水质是否达到国家规定的不同要求标准，特别是保证对饮用水源地不受污染，以及风景游览区和生活区水体不致发生富营养化和变臭。

水资源的用途广泛，不同用途对水资源的水质要求也不一致，为适用于各种供水目的，我国制定颁布了许多水质标准和行业标准，如《地表水环境质量标准》（GB383-2002）、《地下水质量标准》（GB/T14848-93）、《生活饮用水卫生标准》（GB5749-2006）、《农业灌溉水质标准》（GB5084-92）和《污水综合排放标准》（GB8978-1996）等。

（一）《地表水环境质量标准》

本标准运用于中华人民共和国领域内江河、湖泊、运河、渠道、水库等具有使用功能的地表水水域，具有特定功能的水域，执行相应的专业水质标准。依据地表水水域环境功能和保护目标，按功能高低依次划分为五类：

Ⅰ类：主要适用于源头水、国家自然保护区。

Ⅱ类：主要适用于集中式生活饮用水水源地一级保护区、珍稀水生生物栖息地、鱼虾类产卵场、仔稚幼鱼的索饵汤等。

Ⅲ类：主要适用于集中式生活饮用水水源地二级保护区、鱼虾类越冬场、洄游通道、水产养殖区等渔业水域及游泳区。

Ⅳ类：主要适用于一般工业用水区及人体非直接接触的娱乐用水区。

Ⅴ类：主要适用于农业用水区及一般景观要求水域。

对应地表水上述五类水域功能，将地表水环境质量标准基本项目标准值分为五类，不同功能类别分别执行相应类别的标准值。同一水域兼有多类使用功能的，执行最高功能类别对应的标准。正确认识我国水资源质量现状，加强对水环境的保护和治理是我国水资源管理工作的一项重要内容。

（二）《地下水质量标准》

本标准是地下水勘查评价、开发利用和监督管理的依据。本标准适用于一般地下水，不适用于地下热水、矿水、盐卤水。依据我国地下水水质现状、人体健康基准值及地下水质量保护目标，并参照了生活饮用水、工业用水水质要求，将地下水质量划分为五类：

Ⅰ类：主要反映地下水化学组分的天然背景含量。适用于各种用途。

Ⅱ类：主要反映地下水化学组分的天然背景含量。适用于各种用途。

Ⅲ类：以人体健康基准值为依据。主要适用于集中式生活饮用水及工、农业用水。

Ⅳ类：以农业和工业用水要求为依据。除适用于农业和部分工业用水外，适当处理后可做生活饮用水。

Ⅴ类：不宜饮用，其他用水可根据使用目的选用。

对应地下水上述五类质量用途，将地下水环境质量标准基本项目标准值分为五类，不同质量类别分别执行相应类别的标准值。

## 三、水资源水量与水质统一管理

联合国教科文组织和世界气象组织共同制定的《水资源评价活动——国家评价手册》将水资源定义为：可以利用或有可能被利用的水源，具有足够的数量和可用的质量，并能在某一地点为满足某种用途而可被利用。从水资源的定义看，水资源包含水量和水质两个方面的含义，是水量和水质的有机结合，互为依存，缺一不可。

造成水资源短缺的因素有很多，其中两个主要因素是资源性缺水和水质性缺水。资源性缺水是指当地水资源总量少，不能适应经济发展的需要，形成供水紧张；水质性缺水是大量排放的废污水造成淡水资源受污染而短缺的现象。很多时候，水资源短缺并不是由于资源性缺水造成的，而是由于水污染，使水资源的水质达不到用水要求。

水体本身具有自净能力，只要进入水体的污染物的量不超过水体自净能力的范围，便不会对水体造成明显的影响，而水体的自净能力与水体的水量具有密切的关系，同等条件下，水体的水量越大，允许容纳的污染物的量越多。

地球上的水体受太阳能的作用，不断地进行相互转换和周期性的循环过程。在水循环过程中，水不断地与其周围的介质发生复杂的物理和化学作用，从而形成自己的物理性质和化学成分，自然界中完全纯净的水是不存在的。

因此，进行水资源水量和水质管理时，须将水资源水量与水质进行统一管理，只考虑水资源水量或者水质，都是不可取的。

# 第三节　水价管理

## 一、水资源价值

（一）水资源价值论

1. 劳动价值论

马克思在其政治经济学理论中，把价值定义为抽象劳动的凝结，即物化在商品中的抽象劳动。价值量的大小取决于商品所消耗的社会必要劳动时间的多少，即在社会平均的劳动熟练程度和劳动强度下，制造某种使用价值所需的劳动时间。运用马克思的劳动价值论来考察水资源的价值，关键在于水资源是否凝结人类的劳动。

对于水资源是否凝结着人类的劳动，存在两种观点：一种观点认为，自然状态下的水资源是自然界赋予的天然产物，不是人类创造的劳动产品，没有凝结着人类的劳动，因此，水资源不具有价值；另一种观点认为，随着时代的变迁，当今社会早已不是马克思所处的年代，在过去，水资源的可利用量相对比较充裕，不需要人们再付出具体劳动就会自我更新和恢复，因而在这一特定的历史条件下，水资源似乎是没有价值的。随着社会经济的高速发展，水资源短缺等问题日益严重，这表明水资源仅仅依靠自然界的自然再生产已不能满足日益增长的经济需求，我们必须付出一定的劳动参与水资源的再生产，水资源具有价值又正好符合劳动价值论的观点。

上述两种观点都是从水资源是否物化人类的劳动为出发点展开论证，但得出的结论截然相反，究其原因，主要是劳动价值论是否适用于现代的水资源。随着时代的变迁和社会的发展与进步，仅仅单纯地利用劳动价值论来解释水资源是否具有价值是有一定困难的。

2. 效用价值论

效用价值论是从物品满足人的欲望能力或人对物品效用的主观评价角度来解释价值及其形成过程的经济理论。物品的效用是物品能够满足人的欲望程度。价值则是人对物品满足人的欲望的主观估价。

效用价值论认为，一切生产活动都是创造效用的过程，然而人们获得效用却不一定非要通过生产来实现，效用不但可以通过大自然的赐予获得，而且人们的主观感觉也是效用的一个源泉。只要人们的某种欲望或需要得到了满足，人们就获得了某种效用。

边际效用论是效用价值论后期发展的产物。边际效用是指在不断增加某一消费品所取得一系列递减的效用中，最后一个单位所带来的效用。边际效用论主要包括四个观点：价值起源于效用，效用是形成价值的必要条件又以物品的稀缺性为条件，效用和稀缺性是价值得以出现的充分条件；价值取决于边际效用量，即满足人的最后的即最小欲望的那一单位商品的效用；边际效用递减和边际效用均等规律，边际效用递减规律是指人们对某种物品的欲望程度随着享用的该物品数量的不断增加而递减，边际效用均等规律（也称边际效用均衡定律）是指不管几种欲望最初绝对量如何，最终使各种欲望满足的程度彼此相同，才能使人们从中获得的总效用达到最大；效用量是由供给和需求之间的状况决定的，其大小与需求强度成正比例关系，物品价值最终由效用性和稀缺性共同决定。

根据效用价值理论，凡是有效用的物品都具有价值。很容易得出水资源具有价值。因为水资源是生命之源、文明的摇篮、社会发展的重要支撑和构成生态环境的基本要素，对人类具有巨大的效用，此外，水资源短缺已成为全球性问题，水资源满足既短缺又有用的条件。

根据效用价值理论，能够很容易得出水资源具有价值，但效用价值论也存在几个问题，如效用价值论与劳动价值论相对抗，将商品的价值混同于使用价值或物品的效用，效用价值论决定价值的尺度是效用。

### （二）水资源价值的内涵

水资源价值可以利用劳动价值论、效用价值论、生态价值论和哲学价值论等进行研究和解释，但不管用哪种价值论来解释水资源价值，水资源价值的内涵主要表现在以下三方面。

#### 1. 稀缺性

稀缺性是资源价值的基础，也是市场形成的根本条件，只有稀缺的东西才会具有经济学意义上的价值，才会在市场上有价格。对水资源价值的认识，是随着人类社会的发展和水资源稀缺性的逐步提高（水资源供需关系的变化）而逐渐发展和形成的，水资源价值也存在从无到有、由低向高的演变过程。

资源价值首要体现的是其稀缺性，水资源具有时空分布不均匀的特点，水资源价值的大小也是其在不同地区不同时段稀缺性的体现。

#### 2. 资源产权

产权是与物品或劳务相关的一系列权利和一组权利。产权是经济运行的基础，商品和劳务买卖的核心是产权的转让，产权是交易的基本先决条件。资源配置、经济效率和外部性问题都和产权密切相关。

从资源配置角度看，产权主要包括所有权、使用权、收益权和转让权。要实现资源的最优配置，转让权是关键。要体现水资源的价值，一个很重要的方面就是对其产权的体现。产权体现了所有者对其拥有的资源的一种权利，是规定使用权的一种法律手段。

国家对水资源拥有产权，任何单位和个人开发利用水资源，即是水资源使用权的转让，需要支付一定的费用，这是国家对水资源所有权的体现，这些费用也正是水资源开发利用过程中所有权及其所包含的其他一些权利（使用权等）的转让的体现。

#### 3. 劳动价值

水资源价值中的劳动价值主要是指水资源所有者为了在水资源开发利用和交易中处于有利地位，需要通过水文监测、水资源规划和水资源保护等手段，对其拥有的水资源的数量和质量进行调查和管理，这些投入的劳动和资金，必然使得水资源价值中拥有一部分劳动价值。

水资源价值中的劳动价值是区分天然水资源价值和已开发水资源价值的重要标志，若水资源价值中含有劳动价值，则称其为已开发的水资源；反之，称其为尚未开发的水资源。尚未开发的水资源同样有稀缺性和资源产权形成的价值。

水资源价值的内涵包括稀缺性、资源产权和劳动价值三方面。对于不同水资源类型来讲，水资源的价值所包含的内容会有所差异，比如对水资源丰富程度不同的地区来说，水资源稀缺性体现的价值就会不同。

### （三）水资源价值定价方法

水资源价值的定价方法包括影子价格法、市场定价法、补偿价格法、机会成本法、供求定价法、级差收益法和生产价格法等。下面简要介绍影子价格法、市场定价法、补偿价格法、机会成本法等方法。

1. 影子价格法

影子价格法是通过自然资源对生产和劳务所带来收益的边际贡献来确定其影子价格，然后参照影子价格将其乘以某个价格系数来确定自然资源的实际价格。

2. 市场定价法

市场定价法是用自然资源产品的市场价格减去自然资源产品的单位成本，从而得到自然资源的价值。市场定价法适用于市场发育完全的条件。

3. 补偿价格法

补偿价格法是把人工投入增强自然资源再生、恢复和更新能力的耗费作为补偿费用来确定自然资源价值定价的方法。

4. 机会成本法

机会成本法是按自然资源使用过程中的社会效益及其关系，将失去的使用机会所创造的最大收益作为该资源被选用的机会成本。

## 二、水价

### （一）水价的概念与构成

水价是指水资源使用者使用单位水资源所付出的价格。水价应该包括商品水的全部机会成本。水价的构成概括起来应该包括资源水价、工程水价和环境水价。

## 1. 资源水价

资源水价即水资源价值或水资源费，是水资源的稀缺性、产权在经济上的实现形式。资源水价包括对水资源耗费的补偿；对水生态（如取水或调水引起的水生态变化）影响的补偿；为加强对短缺水资源的保护，促进技术开发，还应包括促进节水、保护水资源和海水淡化技术进步的投入。

## 2. 工程水价

工程水价是指通过具体的或抽象的物化劳动把资源水变成产品水，进入市场成为商品水所花费的代价，包括工程费（勘测、设计和施工等）、服务费（包括运行、经营、管理维护和修理等）和资本费（利息和折旧等）的代价。

## 3. 环境水价

环境水价是指经过使用的水体排出用户范围后污染了他人或公共的水环境，为污染治理和水环境保护所需要的代价。

资源水价作为取得水权的机会成本，受到需水结构和数量、供水结构和数量、用水效率和效益等因素的影响，在时间和空间上不断变化。工程水价和环境水价主要受取水工程和治污工程的成本影响，通常变化不大。

## （二）水价制定原则

制定科学合理的水价，对加强水资源管理，促进节约用水和保障水资源可持续利用等具有重要意义。制定水价时应遵循以下四个原则。

### 1. 公平性和平等性原则

水资源是人类生存和社会发展的物质基础，而且水资源具有公共性的特点，任何人都享有用水的权利，水价的制定必须保证所有人都能公平和平等地享受用水的权利，此外，水价的制定还要考虑行业、地区以及城乡之间的差别。

### 2. 高效配置原则

水资源是稀缺资源，水价的制定必须重视水资源的高效配置，以发挥水资源的最大效益。

### 3. 成本回收原则

成本回收原则是指水资源的供给价格不应小于水资源的成本价格。成本回收原则是保证水经营单位正常运行，促进水投资单位投资积极性的一个重要举措。

### 4. 可持续发展原则

水资源的可持续利用是人类社会可持续发展的基础，水价的制定，必须有利于水资源的可持续利用，因此，合理的水价应包含水资源开发利用的外部成本（如排污费或污水处理费等）。

## （三）水价实施种类

水价实施种类有单一计量水价、固定收费、二部制水价、季节水价、基本生活水价、阶梯式水价、水质水价、用途分类水价、峰谷水价、地下水保护价和浮动水价等。

# 第四节　水资源管理信息系统

# 一、信息化与信息化技术

## （一）信息化

### 1. 信息化的概念

信息化是指以培养、发展以计算机为主的智能化工具为代表的新生产力，并使之造福于社会的历史过程。

### 2. 信息化的作用

①高渗透特征。几乎所有的方面都可以应用信息技术，如工业信息化、农业信息化、管理信息化、教育信息化等。信息化发展的基本目标就是要让每个社会成员都有权利与能力享用信息化发展的成果，从而彻底改变社会各方面的生存状态。

②生存空间的网络化特征。这里的网络化不仅包括技术方面中网络之间的互通互联，还强调基于这种物质载体之上的网络化社会、政治、经济和生活形态的互动关系。

③提高创新意识和知识经济的特征。信息化大大加快了各主体之间的信息交流和知识传播的速度和效率，使人民生活质量和知识水平普遍提高。人民知识水平的提高为实现知识经济社会的国家战略提供基础，信息化水平提高使国家人口的素质普遍提高，因此信息化在增强国家和地区的综合实力方面具有重要意义。

④高效低耗的运作特征。信息化几乎就是一个高效率、低损耗（特别是对物质资源的低消耗）的代称。信息化的目的就是提高效率。社会信息化发展的目标是实现生产方式和生活方式的敏捷化，包括以虚拟企业为核心的敏捷制造、虚拟政府的敏捷政务以及敏捷生活和敏捷科教。

（二）信息化技术

1. 信息化技术概念

信息化技术是以计算机为核心，包括网络、通信、3S 技术、遥测、数据库、多媒体等技术的综合。

2. 信息技术的基本内容

（1）感测技术

感测技术延长了人类的感觉器官功能。它主要包括传感技术、遥测技术、测量技术、湿感技术等。

（2）通信技术

通信技术延长了人类的传导神经网络功能。这种技术能够突破空间上的限制，帮助人们更有效地传递、交换和分配信息。

（3）计算机和智能技术

计算机和智能技术使人类的思维器官功能得以延长。这是以硬件技术、软件技术为主的计算机技术和人工智能技术的结合，对帮助人们更好地加工和再生信息有重要的意义。

（4）控制技术

控制技术是人类效应器官功能的延长。它可以通过输入指令，即输入决策信息，实现对外部事物运动状态的干预，也就是具有信息施效功能。

信息化技术四项内容之间既相互独立，又有机结合，以整体的形式共同拓展人类的认知空间。具体来说，信息化技术的核心是通信技术和计算机与智能技术，二者是信息化技术存在的基本。感测技术和控制技术则是联系信息化技术与外部世界的纽带，感测技术是信息的来源，控制技术是信息的归宿。这两者则是信息化技术实现其基本作用的前提。

## 二、水资源管理信息化的必要性

水资源管理是一项涉及面广、信息量大和内容复杂的系统工程，水资源管理决策要科学、合理、及时和准确。水资源管理信息化的必要性包括以下几方面：

①水资源管理是一项复杂的水事行为，需要收集、储存和处理大量的水资源系统信息，传统的方法难以济事，信息化技术在水资源管理中的应用，能够实现水资源信息系统管理的目标。

②远距离水信息的快速传输，以及水资源管理各个业务数据的共享也需要现代网络或无线传输技术。

③复杂的系统分析也离不开信息化技术的支撑，它需要对大量的信息进行及时和可靠的分析，特别是对于一些突发事件的实时处理，如洪水问题，需要现代信息技术做出及时的决策。

④对水资源管理进行实时的远程控制管理等也需要信息化技术的支撑。

# 三、水资源管理信息系统

## （一）水资源管理信息系统的概念

水资源管理信息系统是传统水资源管理方法与系统论、信息论、控制论和计算机技术的完美结合，它具有规范化、实时化和最优化管理的特点，是水资源管理水平的一个飞跃。

## （二）水资源管理信息系统的结构

为了实现水资源管理信息系统的主要工作，水资源管理信息系统一般有数据库、模型库和人机交互系统三部分组成。

## （三）水资源管理信息系统的建设

### 1. 建设目标

水资源管理信息系统建设的具体目标：实时、准确地完成各类信息的收集、处理和存储；建立和开发水资源管理系统所需的各类数据库；建立适用于可持续发展目标下的水资源管理模型库；建立自动分析模块和人机交互系统；具有水资源管理方案提取及分析功能；能够实现远距离信息传输功能。

### 2. 建设原则

水资源管理信息系统是一项规模强大、结构复杂、功能强、涉及面广、建设周期长的系统工程。为实现水资源管理信息系统的建设目标，水资源管理信息系统建设过程中应遵循以下八个原则：

实用性原则：系统各项功能的设计和开发必须紧密结合实际，能够运用于生产过程中，最大限度地满足水资源管理部门的业务需求。

先进性原则：系统在技术上要具有先进性（包括软硬件和网络环境等的先进性），确保系统具有较强的生命力，高效的数据处理与分析等能力。

简捷性原则：系统使用对象并非全都是计算机专业人员，故系统表现形式要简单直观，操作简便，界面友好，窗口清晰。

标准化原则：系统要强调结构化、模块化、标准化，特别是接口要标准统一，保证连接通畅，可以实现系统各模块之间、各系统之间的资源共享，保证系统的推广和应用。

灵活性原则：系统各功能模块之间能灵活实现相互转换，系统能随时为使用者提供所需的信息和动态管理决策。

开放性原则：系统采用开放式设计，保证系统信息不断补充和更新；具备与其他系统的数据和功能的兼容能力。

经济性原则：在保持实用性和先进性的基础上，以最小的投入获得最大的产出，如尽量选择性价比高的软硬件配置，降低数据维护成本，缩短开发周期，降低开发成本。

安全性原则：应当建立完善的系统安全防护机制，阻止非法用户的操作，保障合法用户能方便地访问数据和使用系统；系统要有足够的容错能力，保证数据的逻辑准确性和系统的可靠性。

# 第六章 农村饮用水水源地保护

## 第一节　农村饮用水水源分类

农村饮用水水源可以分为地表水源、地下水源和其他类型水源。地表水源主要包括河流、湖库、山溪、坑塘等；地下水源主要包括浅层地下水、深层地下水、山涧泉水等类型；其他类型包括水窖、水柜等。

# 一、地表水源

## （一）河流型水源

根据水源水体规模、水量受水文和气象条件影响程度、季节变化影响及受区域水环境质量影响的程度，河流型水源可分为大中型河流和小型山溪。

河流水一般流量较大，且受季节和降水的影响也较大，水质季节性变化明显，水的浑浊度和细菌含量较高，且易受工业废水及生活污水的污染，与海临近的河流还易受潮汐影响，使得盐类含量升高。

丘陵区、山区的溪沟往往地势较高，水量季节性差异明显；除洪水季节的浑浊度较大外，一般情况下水质都较好。

## （二）湖库型水源

根据水源水体规模、水量受水文和气象条件影响程度、水质受区域水环境质量影响的程度，湖库型水源可分为大中型湖泊水库和塘坝。湖泊水位变化小，流速缓慢，水量、水质较稳定；湖泊水浑浊度较低，但易繁殖藻类，致使色度增高。水库水与湖泊水具有相似的特点，但其水位一般较高，水位变化较大。塘坝是用来拦截和储存当地地表径流，其蓄水量不足 10 万 $m^3$ 的蓄水设施。塘坝、湖泊、水库污染物主要来自集水流域地区工矿企业的工业废水和居民生活污水。此外，乡镇地表径流、农牧区地表径流、林区地表径流、矿区地表径流、大气降水和降尘、湖面养殖业和水上娱乐等造成水体富营养化的污染源也有可能造成影响。

## 二、地下水源

### （一）浅层地下水源

浅层地下水源包括第一隔水层之上的潜水和上层滞水。

上层滞水常分布于砂层中的黏土夹层之上和石灰岩中溶洞底部有黏性土充填的部位。由雨水、融雪水等渗入时被局部隔水层阻滞而形成，一般季节变化剧烈，多在雨季存在，旱季消失。上层滞水分布面积小，水量也小，季节变化大，容易受到污染，只能用小型或暂时性供水水源。

潜水的特点是补给水源较近，补给区与排泄区相同，可由河流、降水渗透补给；水位、水量随季节或抽水量的大小而变化较大；水质易受地表或地下污染物污染，与周围环境有密切关系；浑浊度较低，一般无色；部分地区的铁、锭、氟或砷含量较高或超过卫生标准。

### （二）深层地下水源

深层地下水源是指第一隔水层之下的承压水。其特点是补给水源一般较远，补给区与排泄区不一致，水量充沛且动态稳定。由于含水层边界有不透水层的保护，所以不易受污染，水质一般较好，无色透明，细菌含量通常符合卫生标准要求，是最理想的水源地。部分地区的铁、猛、氟或砷含量较高，可能超过卫生标准。

### （三）山涧泉水水源

山涧泉水水源指山涧出露泉水。断层泉、裂隙泉、上升泉和下降泉等，都是地下水的天然露头。其特点是流量大小、动态情况因地质条件不同而有很大差异，但一般较稳定；水质也一般较好，大多数可直接饮用；地势高的泉水还可自留供水，是一种较好的农村饮用水源。

## 三、其他类型或特殊水源

### （一）水窖水源

我国北方地区农村常利用修建于地面以下并具有一定容积的水窖拦蓄雨水和地表径流作为饮用水水源。

水窖广泛应用于我国北方资源型缺水地区，基本为单户设置，半凸式结构，上有封盖，根据人畜用水量确定容积，一般为 8~36 m³，窖水主要来自降水。雨水地表径流过程将地面杂质、悬浮物、细菌等带入水窖，导致水质感官性较差，细菌等指标合格率低。少数水窖建在低洼地、菜地、草地和人畜活动频繁的地方，容易受动物、农药和化肥污染。水窖中超标污染物主要为菌落总数、总大肠菌群、氨氮和浊度等。典型的北方水窖水质状况见表6-1。

表6-1 我国北方水窖水质

| 检测项目 | 单位 | 项目值 |
| --- | --- | --- |
| 色度 | 度 | 5~20 |
| 浑浊度 | NTU | 1~12 |
| 嗅和味 | – | Ⅱ级（腥） |
| $COD_{mn}$ | mg/L | 0.5~4.8 |
| 氨氮 | mg/L | 0.02~0.58 |
| 菌落总数 | CFU/ mL | 9~3600 |
| 总大肠菌群 | CFU/100 mL | 3~238 |

（二）水柜水源

水柜是指我国南方地区农村用于收集雨水或其他来水的小型地表蓄水设施。一般一个家庭拥有一个，单个蓄水容积为 40~60 m³，主要蓄积降雨季节的山泉水，有的水柜蓄积山体裂隙渗水。典型的水柜水质状况见表6-2。

表6-2 我国南方水柜水质

| 检测项目 | 单位 | 项目值 |
| --- | --- | --- |
| 色度 | 度 | 5 |
| 嗅和味 | – | 无味无臭 |
| 浑浊度 | NTU | 1~10 |
| pH 值 | – | 8~9 |
| 氨氮 | mg/L | 0.02~0.35 |
| $COD_{mn}$ | mg/L | 1.2~3.5 |
| 菌落总数 | CFU/ mL | 100~1000 |
| 总大肠菌群 | CFU/100 mL | 0~200 |

# 第二节　农村饮用水水源主要污染源

## 一、工业污染源

确定污染物排放量是工业污染源调查的核心内容，对重点工业污染源、废水直接排入水体环境的污染源，主要根据环境统计、排污申报、污染源普查等相关资料进行核算，对不同来源数据差异较大，或缺少化学需氧量、氨氮、总氮和总磷等主要污染物排放数据的企业要进行现场调查和监测，对污染物排放量进行补充和验证。补充验证的方法有物料衡算法、经验计算法（排放系数或排污系数法）、实测法、特征值分析法和相关数据对比分析法，重点是对比调查数据与现有用水、排水、排污等统计数据，分析数据不一致的原因，确定反映实际排污量的数据。

## 二、种植业污染源

农田化肥的流失是氨、磷的主要来源之一。不合理的农业经营活动会破坏土壤结构，造成沙土流失，使土壤中的氮、磷随径流迁移至水体。化肥的流失量与农田的土壤质地、透水性能、覆盖程度、施肥水平有关，施肥量越大，流失率越高，每公顷施肥小于150kg，$NO_3-N$ 的淋溶率在10%，大于150kg时 $NO_3-N$ 的淋溶率为20%左右，每逢插秧季节，河流氮浓度普遍升高。

## 三、农村生活污染源

农村生活污水是指农村居民在日常生活中产生的废水，包括粪尿污水、生活杂排水（包括洗衣水、洗碗水、洗浴水、清洗水及厨房用水）等，是农村饮用水源污染的又一个重要成因。污染物包括：病原微生物、有机物以及氮磷富营养化污染物等，这些物质改变了水体的 PH 值和溶解氧，产生恶臭，使水的硬度升高。由于农村居住分散，加上大多数农村集体经济实力有限，缺乏有效管理和技术处理能力，缺乏完善的排水和垃圾清运处理系统，大多数村落没有收集系统，污水肆意流淌：有收集系统的村落，也仅是不完整的无盖明渠，渠道淤积堵塞严重，每逢雨季污水则四处流淌。调查发现，大部分农户仍保留着粪便还田的传统。调查表明24%的农户生活废水选择了直接排入村河，50%的农户排水采用排入屋后及地表渗入地下，排入沟渠的农户有25%，部分农户选择两种以上的方式，还有少数农户排入化粪池、田地等方式。农村生活污水不能有效地收集，难以得到有效的控制，农村生活污染已成为威胁农村饮用水安全的严重隐患之一。

## 四、畜禽养殖污染源

畜禽养殖过程中，大量未经处理的动物粪便、剩余饲料、残留兽药等被随意排放到环境中，给周边的土壤、空气以及水源造成污染，而污水的处理又严重滞后，导致水体中各种污染物无限扩散。畜禽养殖对大气的污染主要来自养殖场产生的恶臭、有害气体及携带病原微生物的粉尘等。动物粪便中含有大量的 N、P 等有机物，导致大量磷和畜禽粪污中某些高浓度成分（如铜、铁、铬、锌、磷、抗生素等）累积在土壤中，被有机物或颗粒吸附而逐步富集。由于粪便中养分 N：P 的平均比例（4：1）低于作物吸收的 N：P 比例（8：1），如果根据作物 N 的需求施肥，就会造成 P 过量，长期施用将会造成土壤中 P 盈余并积聚在土壤表层，使土壤的结构和性状发生改变，破坏其原有的基本功能，影响作物生长和产量。

随着畜牧业的发展，畜禽生产方式发生了新变化，一是规模化畜禽养殖场发展迅速，但布局不尽合理。部分养殖场建在人口稠密、交通方便和水源充沛的地方，往往离居民区或水源地较近。二是缺乏必要的环保配套设施，不少畜禽养殖场没有真正的污水处理设施，有的即使建了污水处理设施也没有正常运行。三是农牧脱节，不少规模畜禽养殖场没有足够数量的配套耕地以消纳其产生的畜禽粪便，产生畜禽粪便不能得到及时有效处理。

## 五、水产养殖污染源

水产养殖过程中用水原有的体系中浮游植物、藻类等初级生产者种类单纯、数量少，不能满足饲养密度高的养殖对象的生长需要，要添加大量人工配制饵料来满足养殖生物的生长所需。人工添加的饵料营养丰富，不能全部被养殖对象有效利用，部分以污染物的形式排放到环境中，残余的饵料同养殖对象的排泄物一起进入水体，构成养殖废水最主要的污染物来源。养殖系统的特性、养殖种类、饲料的质量和管理等因素都会对污水排放的数量和质量产生影响，饲料中添加的营养物质大多数都会被释放到水环境中。水产养殖动物是排氨生物，氨是其排出废物中的主要组成成分。研究表明以饲料中氮的含量 100% 计，双壳贝类排放到水体中的氮占总投入氮的 75%，鲍鱼、鲑鳟鱼和虾类排放到水体中的氮分别为投入氮的 60%～75%、70%～75% 和 77%～94%。近些年随着饲料质量的提高，其利用率有所增加，然而由于养殖对象其固有的摄食及生长方式，并不能根本上改善饵料残余和排泄物对水质的影响，要满足废水排放或者回用的要求，主要还是借助于水处理的手段。

## 六、城镇不透水地表径流污染

降水径流污染是伴随着城市化进程而产生的，是人类活动集中和加强对环境产生负面影响的表现。城镇化过程，不透水地面大量增加，使城市的水文循环状况发生了很大的变化，降水量增多，但降水渗入地下、蒸发及填注的部分减少，而地表径流的部分却大量增加，这种变化随着城镇的发展、不透水面积率的增大而增大，为城市地表径流污染的发生提供了外部动力条件，在这个特殊的下垫面及水文循环过程中，污染物的时空分布格局、界面过程、迁移机制及环境效应等都发生了变化，产生了新的迁移转化模式。人类的各种活动频繁造成地表累积较多的污染物质，为地表径流污染提供了物质基础。不透水地表径流污染物来源复杂，主要来自三方面：地表沉积物、大气沉降物、雨污合流管道系统，地表沉积物经降雨的冲刷和溶解进入径流，是地表径流中污染物的主要来源，是面源污染物的重要组成部分。城市地表沉积物的组成决定着城市面源污染的性质。大气的干沉降和湿沉降主要是指大气中的粉尘、烟尘、有毒物质等直接降落到水面或随同降雨、降雪而降落到地表，从而成为面源污染的污染源之一。雨污管道系统对面源水质的影响，主要是合流制排水系统漫溢出的雨污水和分流制中雨水口垃圾与污水的进入，成为面源污染的污染源。

大气的湿沉降包括降雨和降雪。降水造成的污染主要有两部分：一是降水中污染物的本底值，二是降水淋洗空气污染物造成的污染。在工业区或者空气污染严重的地区后者的作用较为明显。在街道商场的停车场、商业区和交通繁忙街道产生的径流中，几乎所有氮、16%~40%的硫和13%的磷来自降雨，湿沉降是径流中重金属的来源之一。

地表沉积物是环境中一种常见的污染物，被认为是城市水体城市面源污染的最初来源。常见的称呼有，路面堆积物或街道堆积物、街道尘埃、街道地表物等。城市地表沉积物可以看作一个不断平衡的系统：有输入、输出、存储转化及它们之间的相关过程。输入包括两方面：首先是外来源所产生的，包括通过内河或河流对周围土壤或斜坡的侵蚀，随水而流的物质，空气的干、湿沉降，落叶和枯草的生物输入。其次是路面内部的，包括路面磨损、路面涂料或油漆的剥蚀、汽车磨损、汽油和微粒放射等。输出有：街道清扫、风作用下的再悬浮和去除、径流的携带和输送。储存过程体现在：输入和输出过程有一定的时间间隔，这样就使路面堆积物包含了一定数量的毒性无机金属、有机物网和营养物质等。

# 第三节　农村饮用水水源地保护工程技术组成

## 一、小型河流、塘坝水源周边生态隔离技术

针对小型河流、塘坝饮用水水源，主要采取生态隔离措施，隔离系统由流域农田减量施肥和生态隔离防护带两个子系统组成。

### （一）流域农田减量施肥子系统

在库塘周边农田中实施测土配方、合理施肥，以减少 N、P 的流失，从而减少农业非点源污染对周围水体的污染。

### （二）生态隔离防护带子系统

在库塘周边 50 m 范围内，构建生态防护隔离带，应按照宽度大于 50 m、高度大于 1.5 m 进行设置，主要起到阻隔人群活动影响的作用，同时减少面源污染的影响。生态隔离防护子系统包括植物篱、生态沟渠和植被缓冲带等技术，可根据实际需要和水源所处地形选择使用其中一种技术，或几种技术组合使用。

#### 1. 植物篱

通过生物吸收作用等再次消耗氮磷养分、净化水质，提高养分资源的再利用率。库塘周边生态隔离系统的最佳结构为"疏林+灌草"，这一结构可以通过密度控制来实现。须根据当地的气候条件，选取适宜的生物物种。适合水土保持的防护林树种主要有：松树、刺槐、栎类、凯木、紫穗槐等，须选择适合于本地区的树种。

#### 2. 生态沟渠

对沟渠的两壁和底部采用蜂窝状混凝土板材硬质化，在蜂窝状孔中种植对 N、P 营养元素具有较强吸收能力的植物，用于吸收农田排水中的营养元素，从而减少库塘水质的富营养化。

#### 3. 植被缓冲带

通常设置在下坡位置，植被种类选取以本地物种为主，乔木、灌木、草类等合理配置，布局上也要相互协调，以提高植被系统的稳定性。植被缓冲带要具备一定的宽度和连续性，宽度可结合预期功能和可利用土地范围合理设置。

## 二、人工湿地

人工湿地系统能有效去除降解饮用水水源中的污染物，如营养盐、氯化物和芳香族的碳氢化合物，研究表明湿地植物，如芦苇，因其优异和稳定的供氧能力在污染物的去除中表现出明显的优势，采用人工湿地处理星云湖富营养化水，高水力负荷人工湿地对叶绿素 a 和蓝藻的平均去除率分别达到 90% 以上，对 TP 的去除率达到 68.8%，对 $BOD_5$、$NH_4^+$-N、TN 也有很好的去除效果。人工湿地的设计，按照系统布水方式的不同，可划分为三种类型：表面流人工湿地、潜流型人工湿地和垂直流人工湿地。人工混地类型不同对污染物去除效果不同，具有的优缺点不同。

表面流人工湿地中污水从表层经过，自由水面的自然富氧有利于硝化作用的产生，具有投资和运行费用低，建造、运行和维护简单等优点，其缺点是占地面积较大，污染物负荷和水力负荷率较小，去污能力有限。由于其水面直接暴露在大气中，除了易滋生蚊蝇、产生臭气和传播病菌外，处理效果受温差影响较大。

水平潜流湿地系统中，污水在湿地床的内部流动，一方面，可以充分利用填料表面生长的生物膜、分布的植物根系及表层填料截留等的作用，水力负荷、污染负荷较大，对 BOD、COD、SS 及重金属处理效果好；另一方面，由于水流在地表以下流动，故其具有保温性较好、处理效果受气候影响小、卫生条件较好的特点。但由于地下区域常处于水饱和状态，氧气不足，不利于湿地好氧反应的进行。相对于表面流湿地，其工程造价较高。

垂直流人工湿地水流状况综合了表面流湿地和水平潜流湿地的特点，污水由表面纵向流至床底。此外，垂直潜流系统常常采用间歇进水，湿地床体处于不饱和状态，氧气通过大气扩散和植物根的输氧进入湿地，硝化能力强，适于处理高氨氮含量的污水，但构造比较复杂，淹水/落干周期长，而且造价高。

## 三、塘坝水源入库溪流前置库技术

对于塘坝水源入库溪流，宜采用前置库技术。前置库的库容按照入库溪流日均流量的 0.5~1.5 倍进行设计。前置库由五个子系统组成，即地表径流收集与调节子系统、沉降与拦截子系统、生态透水坝及砾石床强化净化子系统、生态库塘强化净化子系统和导流子系统 5 个子系统组成（图 6-1）。

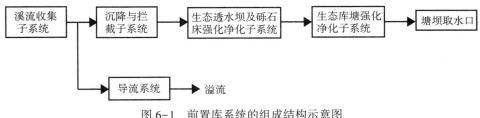

图 6-1　前置库系统的组成结构示意图

（一）地表径流收集与调节子系统

利用现有沟渠适当改造，结合生态沟渠技术，收集地表径流并进行调蓄，对地表径流中污染物进行初级处理。

（二）沉降与拦截子系统

利用库区入口的沟渠河床，通过适当改造，结合人工湿地原理构建生态河床，种植大型水生植物，建成生物格栅，既对引入处理系统的地表径流中的颗粒物、泥沙等进行拦截、沉淀处理，又去除地表径流中的 N、P 以及其他有机污染物。

（三）生态透水坝及砾石床强化净化子系统

利用砾石构筑生态透水坝，保持调节系统与库区水位差，透水坝以渗流方式过水。砾石床位于生态透水坝后，砾石床种植的植物、砾石孔隙与植物根系周围的微生物共同作用，高效去除 N、P 及有机污染物。

（四）生态库塘强化净化子系统

利用具有高效净化作用的生物浮床、生物操纵技术、水生植物带、固定化脱氮除磷微生物等，强化清除 N、P、有机污染物等。

（五）导流子系统

暴雨时为防止系统暴溢，初期雨水引入前置库后，后期雨水通过导流系统流出。

# 四、农村水源地农业面源拦截

主要由工程部分和植物部分组成，工程部分包括沟渠塘的设计、清淤和改造，植物部分包括沟渠塘侧面和底部的植物配置和管护。依据"因地制宜，生态降解"的原则，根据当地农田沟渠塘众多，沟渠中水流速度不快，人多地少的实际情况，充分利用现有自然资源条件，对农田排水沟渠和乡村废弃池塘进行生态化工程改造，建成氮、磷生态拦截型沟渠塘湿地系统，使之在具有原有的排蓄水功能基础上，增加对农田排水中所携带氮、磷等物质的拦截、吸附、沉积、转化和吸收利用功能。

淤积严重和连通度差或杂草丛生区段，先进行生态清淤，拓宽沟渠容量。为保证水生植物正常生长，清理时要保留部分原有水生植物和一定量的淤泥。改造后的渠体断面为等腰梯形，两侧具有一定坡度，沟壁和沟底均为土质，配置多种植物。沟体内相隔一定距离构建透水坝、拦截坝等辅助性工程设施，减缓水流速度，延长水力停留时间，使流水携带的悬浮物质和养分得以沉淀和去除。

生态沟渠考虑适度增加沟渠的蜿蜒性，延长排水时间。建设密度应能满足排水和生态拦截的需要，分布在农田四周与农田区外的沟渠连接起来，并利用地形地貌将低洼地或者废弃池塘和鱼塘改造成生态池塘，种植富集氮、磷的水生蔬菜，增加二次或三次净化，提高了系统的氮磷拦截能力。

水生植物品种繁多是沟渠塘系统重要组成部分，由人工种植和自然演替形成。选择合适的植物对提高湿地拦截净化能力至关重要，要考虑多方面因素，如要适合当地环境，耐污能力强，去污效果好。以下介绍几类水生植物：

（1）漂浮植物

漂浮植物主要有浮萍、萍蓬草、凤眼莲等。这些植物生命力强，对环境适应性好，根系发达，生物量大，生长迅速。但生命周期短，主要集中在每年的 3—10 月或 9 月至次年 5 月，并且以营养生长为主，对氮的需求量高。因此，在进行植物配置时应重视其对氮的吸收利用效果，在污染物氮含量比重较大时可作为优势植物加以利用，提高沟渠塘对氮的吸收效果。

（2）根茎、球茎和种子植物

根茎、球茎和种子植物主要包括睡莲、荷花、慈姑、菱角、芡实、水芹菜、马蹄莲等，它们或具有发达的地下根茎或块根，或能产生大量的种子果实，耐淤能力较好，适宜生长在淤土层深厚肥沃的地方，对于磷的需求较多，可作为沟渠塘系统磷去除的优势植物应用。

（3）挺水草本植物

挺水草本植物包括芦苇、茭草、香蒲、旱闪竹、水葱等，一般为本土优势品种，适应能力强，根系发达，生长量大，对氮、磷和钾吸附能力强大，可作为大范围推广植物应用。

为了减少沟渠堤岸植物带受岸上人类活动、沟渠水流、沟渠开发等影响，保护生态多样性，在平缓地带生态沟渠中要常年保持一定水位，生长小型水生植物和藻类，在降雨期间和农田灌溉时起排水作用，在其他时间水体处于静止状态或缓慢流状态，以满足水生植物的生长。为提高系统对氮磷等物质去除率，应对湿地植物定期进行收割，以防植物残体腐烂以及营养物质重新释放进入水体。

## 五、生物接触氧化

接触氧化法作为一种较成熟的强化生物净化技术，它具有水处理效率较高、有机负荷较高、接触停留时间短、占地少、投资小等优点。接触氧化法净化河流是仿照天然河床上附着的生物膜的过滤作用及净化作用，人工填充滤料和载体，利用滤料和载体比表面积较大、附着生物种类多以及数量大等特点，从而使其净化能力成倍增长。水中污染物在砾间流动过程中与砾石上附着的生物膜接触、沉淀，进而被生物膜作为营养物质而吸附、氧化分解，从而使水质得到改善。其高效的去污能力基于其独特而复杂的作用机制，生物膜在污染物的去除过程中有其特有的作用，生物膜的发育程度直接影响净化系统的处理效率。净化装置处理污水时，有机物的吸附、降解和转化主要是由生物膜来完成的。接触氧化系统基质表面及湿地植物根系为生物膜提供了巨大的附着表面，生物膜为微生物提供了良好的生长表面。生物膜具有很大的表面积，可以大量吸附废水中呈多种状态的有机物，并具有非常强的氧化能力。不溶性的有机物在通过湿地基质的过程中由于基质的沉积、过滤作用可以很快地被截留，进而被分解或利用；可溶性有机物则可通过生物膜的吸附、吸收及生物代谢作用而被降解去除。

## 六、稳定塘

稳定塘旧称氧化塘或生物塘，是一种利用天然净化能力对污水进行处理的构筑物，其净化过程与自然水体的自净过程相似。通常是将土地进行适当的人工修整，建成池塘，并设置围堤和防渗层，依靠塘内生长的微生物来处理污水。

按照塘内微生物的类型和供氧方式来划分，稳定塘可以分为以下四类：

①好氧塘：深度较浅，一般小于 0.5 m。塘内存在着细菌、原生动物和藻类，由藻类的光合作用和风力搅动提供溶解氧，好氧微生物对有机物进行降解。

②兼性塘：深度较大，一般大于 1 m。上层为好氧区；中间层为兼性区；塘底为厌氧区，沉淀污泥在此进行厌氧发酵。

③厌氧塘：塘水深度一般在 2 m 以上。

④曝气塘：塘深大于 2 m，采取人工曝气方式供氧，塘内全部处于好氧状态。

此外，还有其他一些类型的稳定塘，如深度处理塘、水生植物塘和生态系统塘等。由于稳定塘可以构成复合生态系统，而且塘底的污泥可以用作高效肥料，所以稳定塘在农业、畜牧业、养殖业等行业的污染物削减中也得到了越来越多的应用。特别是在我国西部地区，人少地多，氧化塘技术的应用前景非常广阔。

## 七、农村地下水源的污染防护技术

以水井为中心，周围设置坡度为 5% 的硬化导流地面，半径不小于 3 m，30 m 处设置导流水沟，防止地表积水直接下渗进入井水。导流沟外侧须设置防护隔离墙或生物隔离带，防护隔离墙高度 1.5 m，顶部向外侧倾斜 0.2 m；生物隔离带宽度 5 m，高度 1.5 m。

# 第四节  农村饮用水水源防护区划分

## 一、集中式饮用水水源防护区水质要求

### （一）地表水饮用水水源保护区水质要求

①饮用水地表水源一级保护区或保护范围的水质基本项目限值不应低于 GB3838-2002《地表水环境质量标准》Ⅱ类标准，且补充项目和特定项目应满足该标准规定的限值要求。

②饮用水地表水源二级保护区的水质基本项目限值不应低于 GB3838-2002《地表水环境质量标准》Ⅱ类标准，且保证流入一级保护区的水质满足一级保护区水质标准的要求。

③饮用水地表水源准保护区的水质标准应保证流入二级保护区的水质满足二级保护区水质标准的要求。

### （二）地下水饮用水水源保护区水质要求

饮用水地下水源保护区（包括一级、二级和准保护区）或保护范围水质各项标准不应低于《地下水质量标准》（GB/T14848-1993）Ⅲ类标准。

## 二、集中式饮用水水源防护区划分

### （一）地表水饮用水水源保护区的划分方法

1. 河流型饮用水水源保护区的划分方法

河流型饮用水水源保护区的划分方法见表6-3。

表 6-3　河流型饮用水水源保护区划分

| 范围 | | 一级保护区 | 二级保护区 | 准保护区 |
|---|---|---|---|---|
| 水域范围 | 一般河流 | 长度：取水口上游不小于 1000 m，下游不小于 100 m。宽度：为五年一遇洪水所能淹没的区域，通航河道按规定的航道边界线到取水口一侧范围 | 长度：从一级保护区的上游边界向上延伸不小于 2000 m，下游侧外边界距一级保护区边界不小于 200 m。宽度：从一级保护区水域向外扩张到十年一遇洪水所能淹没区域，有防护的河段，为防洪内的水域宽度 | 当需要设置准保护区时，可参照二级保护区的划分方法确定准保护区范围 |
| | 感潮河流 | 长度：取水口上下游两侧范围相当，且不小于 1000 m。宽度：与一般河流型相同 | 长度：二级保护区上游侧外边界到一级保护区上游侧边界的距离大于抄袭落潮最大下泄距离；下游侧范围应视具体河流水流状况确定。宽度：与一般河流型相同 | |
| 陆域范围 | | 陆域沿岸长度不小于相应的一级保护区水域长度；陆域沿岸纵深与河岸的水平距离不少于 50 m，且取水口到岸边水域范围与陆域沿岸纵深范围之和不小于 100 m | 陆域沿岸长度不小于二级保护区水域长度，沿岸纵深范围不小于 1000 m | 当需要设置准保护区时，可参照二级保护区的划分方法确定准保护区范围 |

**2. 湖泊、水库饮用水水源保护区的划分方法**

按湖泊、水库规模的大小，可将湖库型饮用水水源地进行分类，见表 6-4。

表 6-4　湖库型饮用水水源地分类表

| 水源地类型 | 规模 |
|---|---|
| 水库 | 小型，V<0.1 亿立方米 |
| | 中型，0.1 亿立方米≤V<1.0 亿立方米 |
| 湖泊 | 大型，V≥1.0 亿立方米 |
| | 小型，S<100k m$^2$ |
| | 大中型，S≥100k m$^2$ |

湖泊、水库型饮用水水源保护区的划分见表6-5。

**表6-5　湖泊、水库型饮用水水源保护区划分**

| 范围 | 一级保护区 | 二级保护区 | 准保护区 |
|---|---|---|---|
| 水域范围 | 小型水库和单一供水功能的湖泊、水库：正常水位线以下的全部水域面积。小型湖泊、中型水库：取水口半径300 m范围内的区域 | 小型湖泊、中型水库：一级保护区边界外的水域面积、山脊线以内的流域 | 必要时，可以在二级保护区以外的汇水区域设定准保护区 |
| 陆域范围 | 小型湖泊、中型水库：取水口侧正常水位线以上200 m范围内的陆域或一定高程线以下的陆域，但不超过流域分水岭范围 | 小型水库：上游整个流域（一级保护区陆域外区域）。小型湖泊：一级保护区以外水平距离2000 m区域，但不超过流域分水岭范围 | |

## （二）地下水饮用水水源保护区的划分方法

地下水按含水层介质类型的不同分为孔隙水、基岩裂隙水和岩溶水三类；按地下水埋藏条件分为潜水和承压水两类。地下水饮用水源地按开采规模分为中小型水源地（日开采量小于50000 $m^3$）和大型水源地（日开采量大于等于50000 $m^3$）。

### 1. 孔隙水饮用水水源保护区划分方法

孔隙水的保护区是以地下水取水井为中心，溶质质点迁移100d的距离为半径所圈定的范围为一级保护区；一级保护区以外，溶质质点迁移1000d的距离为半径所圈定的范围为二级保护区；补给区和径流区为准保护区。

（1）孔隙水潜水型水源保护区的划分方法

①中小型水源地保护区划分

一级、二级保护区半径可以按式（6-1）计算，也可以取表6-6中的经验值，划分方法见表6-7。

$$R = \alpha KI \times T/n \qquad (6-1)$$

式中：$R$——护区半径，m；

$\alpha$——安全系数，一般取150%，为了安全起见，在理论计算的基础上加上一定量，以防未来用水量的增加以及干旱期影响造成半径的扩大；

$K$——含水层渗透系数，m/d；

$I$——水力坡度，为漏斗范围内的水力坡度；

$T$——污染物水平迁移时间，m；

$n$——有效孔隙度。

表6-6 孔隙水潜水水源保护区范围经验值

| 介质类型 | 一级保护区半径 R/m | 二级保护区半径 R/m |
|---|---|---|
| 细砂 | 30~50 | 300~500 |
| 中砂 | 50~100 | 500~1000 |
| 粗砂 | 100~200 | 1000~2000 |
| 砾石 | 200~500 | 2000~5000 |
| 卵石 | 500~1000 | 5000~10000 |

②大型水源地保护区划分

利用数值模型，确定污染物相应时间的捕获区范围作为保护区，划分方法见表6-7。

表6-7 孔隙水潜水水源保护区划分方法

| 水源地类型 | 一级保护区 | 二级保护区 | 准保护区 |
|---|---|---|---|

| 中小型 | 单个开采井 | 方法1：以开采井为中心，表6-6所列经验值是指以R为半径的圆形区域。方法2：以开采井为中心，按公式（6-1）计算的结果为半径的圆形区域（T取100d） | 方法1：以开采井为中心，表6-6所列经验值是指以R为半径的圆形区域。方法2：以开采井为中心，按式（6-1）计算的结果为半径的圆形区域（T取1000d） | 补给区和径流区 |
|---|---|---|---|---|
| | 井群（集中式供水） | 井群内井间距大于一级保护区半径的2倍时，可以分别对每口井进行一级保护区划分；井群内井间距不大于一级保护区半径的2倍时，则以外围井的外接多边形为边界，向外径向距离为一级保护区半径的多边形区域。 | 井群内井间距大于二级保护区半径的2倍时，可以分别对每口井进行二级保护区划分；井群内井间距不大于保护区半径的2倍时，则以外围井的外接多边形为边界，向外径向距离为二级保护区半径的多边形区域。 | |
| 大型 | | 以地下水取水井为中心，溶质质点迁移100d的距离为半径所圈定的范围 | 一级保护区以外，溶质质点迁移1000d的距离为半径所圈定的范围 | 水源地补给区（必要时） |

（2）孔隙水承压水型水源保护区的划分方法

孔隙水承压水型水源保护区的划分方法见表6-8。

表6-8 孔隙水承压水型水源保护区划分方法

| 水源地类型 | 一级保护区 | 二级保护区 | 准保护区 |
|---|---|---|---|
| 中小型水源地 | 上部潜水的一级保护区范围（方法同孔隙水潜水中小型水源地） | 不设 | 水源补给区（必要时） |
| 大型水源地 | 上部潜水的一级保护区范围（方法同孔隙水潜水大型水源地） | 不设 | 水源补给区（必要时） |

2. 岩溶水饮用水水源保护区划分方法

根据岩溶水的成因特点，岩溶水分为岩溶裂隙网络型、峰林平原强径流带型、溶丘山地网络型、峰丛洼地管道型和断陷盆地构造型五种类型，其保护区划分方法见表6-9。

表 6-9 岩溶水水源保护区划分方法

| 水源地类型 | 一级保护区 | 二级保护区 | 准保护区 |
|---|---|---|---|
| 岩溶裂隙网络型 | 同风化裂缝水 | 同风化裂缝水 | 水源补给区和径流区（必要时） |
| 峰林平原强径流带型 | 同构造裂缝水 | 同构造裂缝水 | 水源补给区和径流区（必要时） |
| 溶丘山地网络型、峰丛洼地管道型、断陷盆地构造型 | 长度：水源地上游不小于 1000 m，下游不小于 100 m（以岩溶管道为轴线）；两侧宽度：按式（6-1）计算（若有支流，则支流也要参加计算）；落水洞处一级保护区划分方法：以落水洞为圆心，按式（6-1）计算的距离为半径（T 值为 100d）的圆形区域，通过落水洞的地表河流按河流型水源地一级保护区划分方法划定 | 不设 | 水源补给区（必要时） |

（三）窖池水水源保护区划分方法

一般来说，对于作为集中式供水水源的农村窖池水水源地只须设置一级保护区，其范围为窖池及集水场。具体保护措施有：①尽量利用屋面集水，减少地面污染对水质的影响；②在地面集水场内和窖池周围要严禁建厕所、畜圈等污染雨水的设施，严禁在集水设施附近堆放垃圾；③平时要加强对集雨场的管护，有条件的要对集雨场外围进行防护，以村为单位的大型集雨场要划定保护范围并设立水源保护标志，并在建设集水场时就要考虑利用围墙（围栏）将集雨场进行保护，确保集蓄雨水的安全；④对人工建设的集雨场要在下雨之前进行清扫，及时清理引水渠、沉砂池等设施；⑤对窖池口加盖上锁，确保水源安全。

# 三、小型集中式和分散式饮用水水源保护区划分

（一）小型集中式饮用水水源保护区划分

供水规模为 1000 m³/d 以下至 20 m³/d 以上，或供水人口在 10000 人以下至 200 人以上的小型集中式饮用水水源（包括现用、备用和规划水源），应根据当地实际情况，划分

水源地保护范围。

## 1. 地下水型

饮用水地下水型水源地保护范围宜为取水口周边 30~50 m，岩溶水水源地保护范围宜为取水口周边 50~100 m；当采用引泉供水时，根据实际情况，可把泉水周边 50 m 及上游 100 m 处划为水源地保护范围；单独设立的蓄水池，其周边的保护范围宜为 30 m。

## 2. 河流型

饮用水河流型水源地保护范围宜为取水口上游不小于 100 m，下游不小于 50 m。沿岸陆域纵深与河岸的水平距离不小于 30 m；条件受限的地方可将取水口上游 50 m、下游 30 m 以及陆域纵深 30 m 的区域作为保护范围；当采用明渠引蓄灌溉水供水时，应有防渗和卫生防护措施，水源地保护范围视供水规模宜为取水口周边 30~50 m；单独设立的蓄水构筑物，其周边的保护范围宜为 10~30 m。

## 3. 湖库型

饮用水湖库型水源地水域保护范围宜为取水口半径 100 m 的区域，但以供水功能的湖库应为正常水位线以下的全部水域面积；陆域为正常水位线以上 50 m 范围内的区域，但不超过流域分水岭范围。

### （二）分散式饮用水水源保护区划分

供水规模在 20 m³/d 及以下或供水人口在 200 人以下的分散式饮用水源（或小型集中式饮用水水源）的保护范围，应符合下列规定：①在山丘区修建的公共集雨设施，应选择无污染的清洁小流域，其集流场、蓄水池等供水设施周边的保护范围应根据实际情况确定，但不应小于 10 m。②雨水集蓄饮用水宜采用屋顶集雨，应摒弃初期降雨或设初雨自动弃流装置；引水设施、水窖（池）周边的保护范围应根据实际情况确定，但不应小于 10 m。③单户集雨供水集流面宜采用屋顶或在居住地附近无污染的地方建人工硬化集流面，其供水设施应在技术指导下由用户自行保护。④分散式供水井周边的保护范围不应小于 10 m；单户供水井应在技术指导下由用户自行保护。⑤当采用小型一体化净水设备时，其周边的保护范围不应小于 10 m。

# 第五节　农村饮用水水源地污染防护技术

# 一、各级水源保护区的污染防护要求

## （一）饮用水地表水源各级保护区的污染防护要求

1. 一级保护区的污染防护要求

①禁止一切破坏水环境生态平衡的活动以及破坏水源林、护岸林、与水源保护相关植被的活动。

②禁止向水域倾倒工业废渣、城市垃圾、粪便及其他废弃物。

③运输有毒有害物质、油类、粪便的船舶和车辆一般不准进入保护区，必须进入者应事先申请并经有关部门批准、登记并设置防渗、防溢、防漏设施。

④禁止使用剧毒和高残留农药，不得滥用化肥，不得使用炸药、毒品捕杀鱼类。

⑤禁止新建、扩建与供水设施和保护水源无关的建设项目。

⑥禁止向水域排放污水，已设置的排污口必须拆除。

⑦不得设置与供水需要无关的码头，禁止停靠船舶。

⑧禁止堆置和存放工业废渣、城市垃圾、粪便和其他废弃物。

⑨禁止设置油库。

⑩禁止从事种植、放养畜禽和网箱养殖活动。

⑪禁止可能污染水源的旅游活动和其他活动。

2. 二级保护区的污染防护要求

①禁止一切破坏水环境生态平衡的活动以及破坏水源林、护岸林、与水源保护相关植被的活动。

②禁止向水域倾倒工业废渣、城市垃圾、粪便及其他废弃物。

③运输有毒有害物质、油类、粪便的船舶和车辆一般不准进入保护区，必须进入者应事先申请并经有关部门批准、登记并设置防渗、防溢、防漏设施。

④禁止使用剧毒和高残留农药，不得滥用化肥，不得使用炸药、毒品捕杀鱼类。

⑤禁止新建、改建、扩建排放污染物的建设项目。

⑥原有排污口依法拆除或者关闭。

⑦禁止设立装卸垃圾、粪便、油类和有毒物品的码头。

3. 准保护区的污染防护要求

①禁止一切破坏水环境生态平衡的活动以及破坏水源林、护岸林、与水源保护相关植被的活动。

②禁止向水域倾倒工业废渣、城市垃圾、粪便及其他废弃物。

③运输有毒有害物质、油类、粪便的船舶和车辆一般不准进入保护区，必须进入者应事先申请并经有关部门批准、登记并设置防渗、防溢、防漏设施。

④禁止使用剧毒和高残留农药，不得滥用化肥，不得使用炸药、毒品捕杀鱼类。

⑤禁止新建、扩建对水体污染严重的建设项目。

⑥改建建设项目，不得增加排污量。

（二）饮用水地下水源各级保护区的污染防护要求

1. 一级保护区的污染防护要求

①禁止利用渗坑、渗井、裂隙、溶洞等排放污水和其他有害废弃物。

②禁止利用透水层孔隙、裂隙、溶洞及废弃矿坑储存石油、天然气、放射性物质、有毒有害化工原料、农药等。

③实行人工回灌地下水时，不得污染当地地下水源。

④禁止建设与取水设施无关的建筑物。

⑤禁止从事农牧业活动。

⑥禁止倾倒、堆放工业废渣及城市垃圾、粪便和其他有害废弃物。

⑦禁止输送污水的渠道、管道及输油管道通过本区。

⑧禁止建设油库。

⑨禁止建立墓地。

2. 二级保护区的污染防护要求

（1）潜水含水层地下水水源地

①禁止利用渗坑、渗井、裂隙、溶洞等排放污水和其他有害废弃物。

②禁止利用透水层孔隙、裂隙、溶洞及废弃矿坑储存石油、天然气、放射性物质、有毒有害化工原料、农药等。

③实行人工回灌地下水时，不得污染当地地下水源。

④禁止建设化工、电镀、皮革、造纸、制浆、冶炼、放射性、印染、染料、炼焦、炼油及其他有严重污染的企业，已建成的要限期治理，转产或搬迁。

⑤禁止设置城市垃圾、粪便和易溶、有毒有害废弃物堆放场和转运站，已有的上述场站要限期搬迁。

⑥禁止利用未经净化的污水灌溉农田，已有的污灌农田要限期改用清水灌溉；化工原料、矿物油类及有毒有害矿产品的堆放场所必须有防雨、防渗措施。

（2）承压含水层地下水水源地

①禁止利用渗坑、渗井、裂隙、溶洞等排放污水和其他有害废弃物。

②禁止利用透水层孔隙、裂隙、溶洞及废弃矿坑储存石油、天然气、放射性物质、有毒有害化工原料、农药等。

③实行人工回灌地下水时，不得污染当地地下水源。

④禁止承压水和潜水的混合开采，做好潜水的止水措施。

**3. 准保护区的污染防护要求**

①禁止利用渗坑、渗井、裂隙、溶洞等排放污水和其他有害废弃物。

②禁止利用透水层孔隙、裂隙、溶洞及废弃矿坑储存石油、天然气、放射性物质、有毒有害化工原料、农药等。

③实行人工回灌地下水时，不得污染当地地下水源。

④禁止建设城市垃圾、粪便和易溶、有毒有害废弃物的堆放场站，因特殊需要设立转运站的，必须经有关部门批准，并采取防渗漏措施。

⑤当补给源为地表水体时，该地表水体水质不应低于《地表水环境质量标准》（GB3838-2002）Ⅲ类标准。

⑥不得使用不符合《农田灌溉水质标准》（GB5084-2005）的污水进行灌溉，合理使用化肥；保护水源林，禁止毁林开荒，禁止非更新砍伐水源林。

# 二、各种污染源的污染防治

## （一）工业污染防治

禁止在水源地新建、改建、扩建排放污染物的建设项目，已建成排放污染物的建设项目，应依法予以拆除或关闭。饮用水水源受到污染可能威胁供水安全的，应当责令有关企业事业单位采取停止或者减少排放水污染物等措施。

在水源地周边的工业企业进行统筹安排，工业企业发展要与新农村建设相结合，合理布局，应限制发展高污染工业企业。

## （二）农业污染防治

### 1. 农药污染防治

（1）选用低毒农药

选用低毒农药是通过改良农药的毒性，选用毒性小、环境适应性强的农药，来降低其对水源的污染。农药的化学特性是影响农药渗漏的最重要因子，在生产中应尽量选用被土壤吸附力强、降解快、半衰期短的低毒农药。

（2）应用生物农药

生物农药具有无污染、无残留、高效、低成本的特点，应大力推广应用。与传统的化学农药相比，生物农药具有对人畜安全、环境兼容性好、不易产生抗性、易于保护生物多样性和来源广泛等优点；但多数生物农药作用速度缓慢、受环境因素影响较大，田间使用技术也不够成熟。

（3）生物降解

生物降解是通过生物的作用将大分子有机物分解成小分子化合物的过程，包括动物降解、植物降解、微生物降解等，具有低耗、高效、环境安全等优点，成为防治农药污染最有优势的技术。可针对农药品种、环境条件在受农药污染的水源保护范围内培养专性微生物、种植特定植物、投放特定土壤动物等来降解农药。

2. 化肥污染防治

（1）测土配方施肥

测土配方施肥是以土壤测试和肥料田间试验为基础，根据作物需肥规律、土壤供肥性能和肥料效应，在满足植物生长和农业生产需要的基础上，提出氮、磷、钾及中、微量元素等肥料的施用数量、施肥时期和施用方法。通过测土配方施肥，可以有效减少化肥施用量，提高化肥利用率，减少化肥流失对饮用水源的污染。

（2）施用缓释肥

缓释肥是在化肥颗粒表面包上一层很薄的疏水物质制成包膜化肥，对肥料养分释放速度进行调整，根据作物需求释放养分，达到元素供肥强度与作物生理需求的动态平衡。目前，缓释肥主要有涂层尿素、覆膜尿素、长效碳铵等类型。缓释肥可以控制养分释放速度，提高肥效，减少肥料施用量和损失量，降低对水源的污染。

（3）发展有机农业

有机农业是遵照一定的有机农业生产标准，在生产中不采用基因工程获得的生物及其产物，不使用化学合成的农药、化肥、生长调节剂、饲料添加剂等物质，遵循自然规律和生态学原理，协调种植业和养殖业的平衡，采用一系列可持续发展的农业技术以维持持续稳定的农业生产体系的一种农业生产方式。在水源保护范围内宜发展有机农业，有效减少农用化学物质对水源的污染风险；建立作物轮作体系，利用秸秆还田、绿肥施用等措施保持土壤养分循环。

（4）建设生态缓冲带

在农田和水源之间建设生态缓冲带，利用缓冲带植物的吸附和分解作用，拦截农田氮磷等营养物质进入水源，同时，缓冲区有助于阻止附近地区（耕地及养殖场）的径流污染物，对湖滨地区的水土保持、减少湖滨带土壤侵蚀量也有重要作用。一般是在河岸带种植多年生的乔木等植物。

### （三）畜禽养殖业污染防治

#### 1. 干法清粪

干法清粪工艺的主要方法是：粪便一经产生便分流，干粪由机械或人工收集、清扫、运走，尿及冲洗水则从下水道流出，分别进行处理。干法清粪工艺分为人工清粪和机械清粪两种。人工清粪只须用一些清扫工具、人工清粪车；机械清粪包括铲式清粪和刮板清粪。

#### 2. 畜禽粪便高温堆肥

畜禽粪便高温堆肥又称"好氧堆肥"，在氧气充足的条件下借助好氧微生物的生命活动降解有机质。通常，好氧堆肥堆体温度一般在 $50℃ \sim 70℃$，高温堆肥可以大限度地杀灭病原菌、虫卵及杂草种子，同时将有机质快速地降解为稳定的腐殖质，转化为有机肥。不同的堆肥技术的主要区别，在于维持堆体物料均匀及通气条件所使用的技术差异，主要有条垛式堆肥、强制通风静态垛堆肥、反应器堆肥等。

#### 3. 沼气发酵

沼气发酵又称为厌氧消化、厌氧发酵和甲烷发酵，是指有机物质（如人畜家禽粪便、秸秆、杂草等）在一定的水分、温度和厌氧条件下，通过种类繁多、数量巨大且功能不同的各类微生物的分解代谢，终形成甲烷和二氧化碳等混合性气体（沼气）的复杂生物化学过程。一般从投料方式、发酵温度、发酵阶段、发酵级差、料液流动方式等角度，选择适合的发酵工艺。

#### 4. 畜禽养殖场径流控制

在养殖场粪便产生区，采取控制其径流通道的方法将该部分携带动物粪便的径流进行控制，防止其进入水体。一般应在规模化和专业户畜禽养殖场径流出口处建造排水沟，将其径流转移到处理池或做其他用途。

### （四）生活污水污染防治

#### 1. 分散处理

将农村污水按照分区进行污水管网建设并收集，以稍大的村庄或邻近村庄的联合为宜，每个区域污水单独处理。污水分片收集后，采用适宜的中小型污水处理设备、人工湿地或氧化塘等形式处理村庄污水。

分散处理模式具有布局灵活、施工简单、建设成本低、运行成本低、管理方便、出水水质有保障等特点，适用于村庄布局分散、规模较小、地形条件复杂、污水不易集中收集的村庄污水处理。在中西部村庄布局较为分散的地区，宜采用分散处理模式。

### 2. 集中处理

集中处理模式对村庄产生的污水进行集中收集，统一建设处理设施处理村庄全部污水。污水处理采用自然处理、常规生物处理等工艺形式。

集中处理模式具有占地面积小、抗冲击能力强、运行安全可靠、出水水质好等特点，适用于村庄布局相对密集、规模较大、经济条件好、企业或旅游业发达地区污水处理。在东部村庄密集、经济基础较好的地区，宜采用集中处理模式。

### 3. 纳入市政管网统一处理

纳入市政管网统一处理模式是指村庄内所有生活污水经污水管道集中收集后，统一接入邻近市政污水管网，利用城镇污水处理厂统一处理村庄污水。

该处理模式具有投资少、施工周期短、见效快、统一管理方便等特点，适用于距离市政污水管网较近，符合高程接入要求的村庄污水处理。靠近城市或城镇、经济基础较好，具备实现农村污水处理由"分散治污"向"集中治污、集中控制"转变条件的农村地区可以采用。

## （五）固体废物污染防治

### 1. 无害化卫生厕所

无害化卫生厕所，是符合卫生厕所的基本要求，具有粪便无害化处理设施、按规范进行使用管理的厕所。卫生厕所要求有墙、有顶，储粪池不渗漏、密闭有盖，厕所清洁、无蝇蛆、基本无臭，粪便应按规定清出。

### 2. 一般垃圾回收

厨余、瓜果皮、植物农作物残体等可降解有机类垃圾，可用作牲畜饲料，或进行堆肥处理。倡导水源保护区内农村垃圾就地分类，综合利用，应按照"组保洁、村收集、镇转运、县处置"的模式进行收集。

### 3. 特殊垃圾处置

医疗废弃物、农药瓶、电池、电瓶等有毒有害或具有腐蚀性物品的垃圾，要严格按照有关规定进行妥善处置。

4. 垃圾综合利用

遵循"减量化、资源化、无害化"的原则，鼓励农村生产生活垃圾分类收集，对不同类型的垃圾选择合适的处理处置方式。煤渣、泥土、建筑垃圾等惰性无机类垃圾，可用于修路、筑堤或就地进行填埋处理。废纸、玻璃、塑料、泡沫、农用地膜、废橡胶等可回收类垃圾可进行回收再利用。

## （六）地表水生态修复

1. 藻类水华控制

（1）机械打捞

通过合适的过滤或者絮凝等技术与装置，高效打捞，并迅速实现藻水分离。根据短期的气象与水文预测信息，确定在未来时间内藻类水华易聚集的时间和地点，组织人员和机械，在藻类高度聚集的水域打捞藻类，提高打捞效率。根据藻类难以发酵的特点，将其与畜禽粪便混合，可提高发酵生产沼气的效率。

（2）工程物理

利用过滤、紫外线、电磁电场等物理学方法，对藻类进行杀灭或抑制的技术。

物理方法除藻效果普遍较好，可持久使用，但一次性投入成本很高且处理能力有限，大都局限于水处理工程中的应用。

（3）生物控藻

生物控藻即利用藻类的天敌及其产生的生长抑制物质来控制或杀灭藻类的技术，主要包括：利用藻类病原菌（细菌、真菌）抑制藻类生长；利用藻类病毒（噬藻体）控制藻类的生长；利用植物的抑制物质、植物间的相互抑制、富集和争夺营养源的抑藻作用；利用食藻鱼类控制藻类生长；酶处理技术；利用浮叶植物、挺水植物、沉水植物等大型水生植物吸收氮磷及节流藻类等调控技术。

生物防治是最为科学的方法，藻类不易采用化学药剂来彻底杀灭，一是难以做到，二是代价太大，三是造成环境污染或破坏生态平衡。改用生物学方法并不是彻底杀灭或消除藻类，而是利用生态平衡原理将藻类的生长和繁殖控制在危害水平之下，从而控制藻体数量、防治富营养化带来的各种危害。

2. 生物浮岛

针对湖库型水源，利用竹子或可降解的泡沫塑料板等做成的、能漂浮在水面上且可承受一定质量的浮床上种植植物，让根系伸入水中吸收水分、氮、磷以及其他营养元素来满足植物生长需要，通过收获植物去除水中的氮、磷等污染物。目前已用于或可用于人工生物浮床净化水体的植物主要有：美人蕉、芦苇、荻、多花黑麦草、稗草等。

### 3. 底泥清淤

对不同粒径的泥沙清淤物，按其不同用途进行综合利用处理。细颗粒泥沙是一些营养物质和一些有机质的载体，是建造肥沃良田的优质原料；其他泥沙可用于工程建筑材料和填沟造田，可使水库泥沙淤积治理产生综合效益，降低挖沙成本；对于未经处理的和不能进行综合利用的清淤物应堆放到安全地带，防止清淤物再次流入水体，对环境造成污染。

## （七）地下水污染修复

### 1. 物理法修复

#### （1）水动力控制法

水动力控制修复技术是建立井群控制系统，通过人工抽取地下水或向含水层内注水的方式，改变地下水原来的水力梯度，进而将受污染的地下水体与未受污染的清洁水体隔开。井群的布置可以根据当地的具体水文地质条件确定。

#### （2）流线控制法

流线控制法设有一个抽水廊道、一个抽油廊道、两个注水廊道。首先从上面的抽水廊道中抽取地下水，然后把抽出的地下水注入相邻的注水廊道内，以确保大限度地保持水力梯度。同时，在抽油廊道中抽取污染物质，但要注意抽油速度不能高，要略大于抽水速度。

#### （3）屏蔽法

屏蔽法是在地下建立各种物理屏障，将受污染水体圈闭起来，以防止污染物进一步扩散蔓延。常用的灰浆帷幕法是用压力向地下灌注灰浆，在受污染水体周围形成一道帷幕，从而将受污染水体圈闭起来。

#### （4）被动收集法

被动收集法是在地下水流的下游挖一条足够深的沟道，在沟内布置收集系统，将水面漂浮的污染物质如油类污染物等收集起来，或将所有受污染的地下水收集起来以便处理的一种方法。

### 2. 化学法修复

#### （1）有机黏土法

有机黏土法是利用人工合成的有机黏土有效去除有毒化合物。利用土壤和蓄水层物质中含有的黏土，在现场注入季铵盐阳离子表面活性剂，使其形成有机黏土矿物，用来截住和固定有机污染物，防止地下水进一步污染。

（2）加药法

谨慎使用加药法修复地下水，确保水质污染在可控范围之内，避免污染水源。加药法是通过井群系统向受污染水体灌注化学药剂，如灌注中和剂以中和酸性或碱性渗滤液，添加氧化剂降解有机物或使无机化合物形成沉淀等。

3. 生物法修复

生物修复是指利用天然存在的或特别培养的生物（植物、微生物和原生动物）在可调控环境条件下，将污染物降解、吸收或富集的生物工程技术。生物修复技术适用于烃类及衍生物，如汽油、燃油、乙醇、酮等，不适合处理持久性有机污染物。

# 第七章 农田水利工程规划与设计

## 第一节 农田水利概述

### 一、农田水利概念

水利工程按其服务对象可以分为防洪工程、农田水利工程（灌溉工程）、水力发电工程、航运及城市供水、排水工程。农田水利是水利工程类别之一，其基本任务是通过各种工程技术措施，调节和改变农田水分状况及其有关的地区水利条件，以促进农业生产的发展。

农田水利主要的作用是中小型河道整治，塘坝水库及圩垸建设，低产田水利土壤改良，农田水土保持、土地整治以及农牧供水等。其主要是发展灌溉排水，调节地区水情，改善农田水分状况，防治旱、涝、盐、碱灾害，以促进农业稳产高产。本书所研究的农田水利亦主要是指灌溉系统、排水系统特征丰富的灌溉工程（灌区）。

### 二、农田水利工程构成

农田水利学内容主要包括：农田水分和土壤水分运动、作物需水量与灌溉用水、灌溉技术、灌溉水源与取水枢纽、灌溉渠系的规划设计、排水系统规划设计、井灌井排、不同类型地区的水问题及其治理、灌溉排水管理。关于农田水利的构成与类型，按照农田水利工程的功能和属性可分为：灌溉水源与取水枢纽、灌溉系统、排水系统三个部分。

#### （一）灌溉水源与取水枢纽

灌溉水源是指天然水资源中可用于灌溉的水体，有地表水、地下水和处理后的城市污水及工业废水。

取水枢纽是根据田间作物生长的需要，将水引入渠道的工程设施。针对不同类型的灌溉水源，相对应的灌溉取水方式选择上也有所不同。如地下水资源相对丰富的地区，可以进行打井灌溉；从河流、湖泊等流域水源引水灌溉时，依据水源条件和灌区所处的相对位置，主要可分为引水灌溉、蓄水灌溉、提水灌溉和蓄引提相结合灌溉等几种方式。

**1. 引水取水**

当河流水量丰富，不经调蓄即能满足灌溉用水要求时，在河道的适当地点修建引水建筑物，引河水自流灌溉农田。引水取水分无坝取水和有坝取水。

无坝取水，当河流枯水时期的水位和流量都能满足自流灌溉要求时，可在河岸上选择适宜地点修建进水闸，引河水自流灌溉农田。

有坝取水，当河流流量能满足灌溉引水要求，但水位略低于渠道引水要求的水位，这时可在河流上修建水工建筑物（堤坝或拦河闸），抬高水位，以达到河流自流引水灌溉的目的。

**2. 抽水（提水）取水**

当河流内水量丰富，而灌区所处地势较高，河流的水位和灌溉所需的水位相差较大时，修建自流引水工程不便或不经济时，可以在离灌区较近的河流岸边修建抽水站，进行提水灌溉农田。

**3. 蓄水提水**

蓄水灌溉是利用蓄水设施调节河川径流从而进行灌溉农田。当河流的天然来水流量过程不能满足灌区的灌溉用水流量过程时，可以在河流的适当地点修建水库或塘堰等蓄水工程，调节河流的来水过程，以解决来水和用水之间的矛盾。

**4. 蓄引提结合灌溉**

为了充分利用地表水源，最大限度地发挥各种取水工程的作用，常将蓄水、引水和提水结合使用，这就是蓄引提结合的农田灌溉方式。

### （二）灌溉系统

灌溉系统是指从水源取水，通过渠道及其附属建筑物向农田供水、经由田间工程进行农田灌水的工程系统。完整的灌溉系统包括渠道取水建筑物、各级输配水工程和田间工程等。灌溉系统的主要作用是以灌溉手段，适时适量地补充农田水分，促进农业增产。

### （三）排水系统

在大部分地区，既有灌溉任务也有排水要求，在修建灌溉系统的同时，必须修建相应的排水系统。排水系统一般由田间排水系统、骨干排水系统、排水泄洪区以及排水系统建筑物所组成，常与灌溉系统统一规划布置，相互配合，共同调节农田水分状况。农田中过多的水，通过田间排水工程排入骨干排水沟道，最后排入排水泄洪区。

## 三、现代农田水利

我国的农田水利有着悠久的历史，历代劳动人民创造了很多宝贵的治水经验，在我国水利史上放射着灿烂的光芒。但是在漫长的封建社会，压抑着劳动人民的积极性和创造性，严重阻碍了我国农业生产的发展，农田水利建设进展缓慢。社会主义新中国的建立，为我国农田水利事业的发展开创了无限广阔的前景。新中国成立四十多年来，我国农田水利事业得到了巨大发展，主要江河都得到了不同程度的治理，黄河扭转了过去经常决口的险恶局面，淮河流域基本改变了"大雨大灾、小雨小灾、无雨旱灾"的多灾现象，海河流域减轻了洪、涝、旱、碱四大灾害的严重威胁，水利资源也得到初步开发。

农业是安天下、稳民心的产业。粮食安全直接关系社会稳定和谐，关系人民的幸福安康。我国特殊的人口和水土资源条件，决定我国既是一个农业大国，也是一个灌溉大国，灌溉设施健全与否对农业综合生产能力的稳定和提高有着直接影响。农田水利建设不仅是中国农业生产的物质基础，也是我国国民经济建设的基础产业。

随着我国水利建设的不断发展，在辽阔的土地上，已出现了许多宏伟的农田水利工程，在满足灌溉农田、保持水土流失等功能的同时还创造了独特的工程景观，凝聚着我国劳动人民的无穷智慧和伟大的创造力。

## 四、农田水利特征与发展趋势

### （一）农田水利特征

农田水利工程需要修建坝、水闸、进水口、堤、渡槽、溢洪道、筏道、渠道、鱼道等不同类型的专门性水工建筑物，以实现各项农田水利工程目标。农田水利工程与其他工程相比具有以下特点：

①农田水利工程工作环境复杂。农田水利工程建设过程中各种水工建筑物的施工和运行通常都是在不确定的地质、水文、气象等自然条件下进行的，它们又常承受水的渗透力、推力、冲刷力、浮力等的作用，这就导致其工作环境较其他建筑物更为复杂，常对施工地的技术要求较高。

②农田水利工程具有很强的综合性和系统性。单项农田水利工程是所在地区、流域内水利工程的有机组成部分，这些农田水利工程是相互联系的，它们相辅相成、相互制约；某一单项农田水利工程其自身往往具有综合性特征，各服务目标之间既相互联系，又相互矛盾。农田水利工程的发展往往影响国民经济的相关部门发展。因此，对农田水利工程规划与设计必须从全局统筹思考，只有进行综合、系统的分析研究，才能制订出合理的、经

济的优化方案。

③农田水利工程对环境影响很大。农田水利工程活动不但对所在地区的经济、政治、社会发生影响，而且对湖泊、河流以及相关地区的生态环境、古物遗迹、自然景观，甚至对区域气候，都将产生一定程度的影响。这种影响有积极与消极之分。因此，在对农田水利工程规划设计时必须对其影响进行调查、研究、评估，尽量发挥农田水利工程的积极作用，增加景观的多样性，把其消极影响如对自然景观的损害降到最小值。

## （二）农田水利发展趋势——景观化

随着农村经济社会的发展，农田水利也从原来单一农田灌溉排水为主要任务的农业生产服务，逐渐转型为同时满足农业生产、农民生活和农村生态环境提供涉水服务的广泛领域。各项农田水利工程设施在满足防洪、排涝、灌溉等传统农田水利功能的前提下充分融合景观生态、美学及其他功能，已经成为广大农田水利工作者更新、更迫切的愿望。

新时期的农田水利规划与设计要着力贯彻落实国家新时期的治水方针，适应农村经济的发展与社会主义新农村的建设要求，紧紧围绕适应农村经济发展的防洪除涝减灾、水资源合理开发、人水和谐相处的管理服务体系开展有前瞻性的规划思路。依据以人为本、人水和谐的水利措施与农业、林业及环境措施相结合，因地制宜采取蓄、排、截等综合治理方式，进行农田水利与农村人居环境的综合整治。

### 1. 水利是前提，是基础

农田水利基本任务是通过各种工程技术措施，调节和改变农田水分状况及其有关的地区水利条件，以促进农业生产的发展。农业是国民经济的基础，搞好农业是关系到我国社会主义经济建设高速度发展的全局性问题，只有农业得到了发展，国民经济的其他部门才具备最基本的发展条件。

### 2. 景观是主题，是提升

水利是景观化水利，是融合到自然景观里的水利。从农田水利的角度，通过合理布置各类水工建筑设施，在保证农田灌溉排涝体系安全的同时达到景观作用。传统的农田水利工程外观形式固定，在视觉上给人粗笨呆板的视觉效果，在以后的规划设计过程中将水工建筑物的工程景观、文化底蕴与周围自然环境相融合的综合性景观节点，在保证其功能的基础上赋予农田水工建筑物全新形象。

农田水利作用的对象就是水体，将水进行引导、输送从而进行农业灌溉，两者的联系紧密结合。在我国农田水利事业发展的历程中，同时也孕育了丰富的水文化。

# 第二节　农田水利规划基础理论概述

## 一、土地供给理论

土地供给是指地球能够提供给人类社会利用的各类生产和生活用地的数量，通常可将土地供给分为自然供给和经济供给。我国土地储备形式分为新增建设用地（增量用地）和存量土地两种形式。其中增量土地供给属于自然供给，主要方式是将农业用地转化为非农业用地。存量土地是指经济供给，主要方式是对城市内部没有开发的土地、老城区、企事业单位低效率利用的闲置土地、污染工厂的搬迁等。我国城镇土地供给主要途径是增量土地供给和存量土地供给。依据我国地少人多的基本国情，使用土地时必须严格遵守土地管理制度，严格控制城市土地的增加。因此，我国目前较长使用的城市土地供给途径为增量土地供给，这种途径一般需要通过出让土地的使用权或者租赁进入市场的土地。存量土地供给主要通过提高城市土地有效利用率来提高城市的土地供给，将城市中不合理的土地利用转化成合理的土地利用方式，对解决城市土地供给需求矛盾有很大的推动作用。

土地的自然供给是地球为人类提供的所有土地资源数量的总和，是经济供给的基础，土地经济供给只能在自然供给范围内活动，土地的经济供给是可活动的。土地供给方式不同，造成影响土地供给的因素也不同。土地经济供给是指在土地自然供给的基础上土地由自然供给变成经济供给后，才能为人类所利用。因此，影响土地经济供给的基本因素有自然供给量、土地利用方式、土地利用的集约度、社会经济发展需求变化和工业与科技的发展等。

## 二、生态水工学理论

生态水工学（Eco-Hydraulic Engineering）是在水工学基础上吸收、融合生态学理论建立发展的新兴的工程学科。生态水工学是运用工程、生物、管理等综合措施，以流域生态环境为基础，合理利用和保护水资源，在确保可持续发展的同时注重经济效益，最大限度地满足人们生活和生产需求。生态水利是建立在较完善的工程体系基础上，以新的科学技术为动力，运用现代生物、水利、环保、农业、林业、材料等综合技术手段发展水利的方法。生态水工学以工程力学与生态学为基础，以满足人们对水的开发利用为目标，同时兼顾水体本身存在于一个健全生态系统之中的需求，运用技术手段协调人们在防洪、供水、发电、航运效益与生态系统建设的关系。

生态水工学的指导思想是达到人与自然和谐共处。在生态水工学建设下的水利工程既能够实现人们对水功能价值的开发利用，又能兼顾建设一个健全的河流湖泊生态系统，实现水的可持续利用。生态水工学原理对农田水利结合生态理论的规划提供理论框架有：

①现有的水工学在结合水文学、水力学、结构力学、岩土力学等工程力学为基础融合生态学理论，在满足人们对水的开发利用需求的同时，还要兼顾水体本身存在于一个健全生态系统之中的需求。

②将河沟塘看作是生态系统组成的一部分，在规划中不仅要考虑其水文循环、水利功能，还要考虑在生态系统中生物与水体的特殊依存关系。

③在河道、沟塘整治规划中充分利用当地生物物种，同时慎重地引进可以提高水体自净能力的其他物种。

④为达到水利工程设施营造一种人与自然亲近的环境的目的，城市景观设计要注意在对江河湖泊进行开发的同时，尽可能保留江河湖泊的自然形态（包括其纵横断面），保留或恢复其多样性，即保留或恢复湿地、河湾、急流和浅滩。

⑤在水利规划中考虑提供相应的技术方法和工程材料，为当地野生的水生与陆生植物、鱼类与鸟类等动物的栖息繁衍提供方便条件。

## 三、土地集约利用

土地集约利用是指以布局合理、结构优化和可持续发展为前提，通过增加存量土地的投入，改善土地的经营和管理，使土地利用的综合效益和土地利用的效率不断得到提高。土地集约利用不能单纯地追求提高土地利用强度，而应当在提高城镇土地经济效益的同时注重提高城镇的环境效益及社会效益，不能此消彼长，顾此失彼。

在可持续理论提出后，土地集约利用理论增加可持续发展概念。土地集约利用理论的指导思想是，人们在利用土地满足生产生活需要的同时兼顾环境的改善及生态的平衡。土地集约利用包括了土地改良等方面。通过土地集约利用措施一方面可以提高土地的使用效率，同时还可减缓城市外延扩展的速度，从而节约宝贵的土地资源尤其是耕地；另一方面还有利于土地的可持续利用，对土地的开发利用进行合理配置。

土地集约利用理论一般为在同一块土地面积上投入较多的生产资料和劳动，进行精耕细作，用提高单位面积产量的方法来增加产品总量和取得最高经济效益。在同一种用途建设用地中，集约化程度的高低是容易判断的。因此，应尽量结合实际，选择具有高度集约化水平的用地方式。

土地利用的集约程度一般应与一定生产力水平和科学技术水平相适应，随着科学技术化水平的提高，低集约化的土地利用必然向集约化程度高的方向发展。同时也可以说在低集约化土地利用现状时，具有高集约化土地利用水平的巨大潜力。目前，我国农村居民点的这种潜力是巨大的，这为村镇内涵发展提供了较为丰富的后备土地资源。

## 四、景观生态学理论

景观生态理论是 20 世纪 70 年代发展起来的一门新兴学科，是区别于生态学、地理学等学科的一门交叉学科。它既包含了现代地理学研究中的整体思想及对自然现象空间相互作用的分析方法，又综合了生态学中的系统分析、系统综合方法。景观生态学主要研究景观中的各个生态系统及它们之间的相互影响及作用，尤为注重研究人类活动对这些系统所产生的不同影响。

### （一）景观生态学中"缀块—廊道—基底"模型及理论

景观生态学是研究在一个相当大的区域内，由许多不同生态系统所组成的整体（景观）的空间结构、相互作用、协调功能以及动态变化的生态学新分支。景观生态学的研究对象可分为三种：景观功能、景观结构、景观动态。其中景观功能是指景观结构单元之间的相互作用；景观结构是指景观组成单元的类型、多样性及其空间关系；景观动态是指景观在结构和功能方面随时间推移发生的变化。景观结构单元可分为三种：斑块（patch）、廊道（corridor）和基底（matrix）。在农田生态廊道和景观格局分析中，将农田中不同的土地利用方式看作景观斑块，这些斑块构成了景观的空间格局。按照土地利用方式将农村景观分为：水田、旱田、园地、林地、水面、工矿用地、居民用地、其他建筑物用地、其他农用地以及未利用地等 11 种斑块类型。其中河流、沟塘系统构成廊道，运用景观生态学中基本原理分析其空间特征及景观生态影响，从而确定农田规划的可持续发展模式。

### （二）景观格局理论

研究景观的结构（组成单元的特征及其空间格局）是研究景观功能和动态的基础。景观格局理论可分为基本景观格局和优化景观格局。基本景观格局是指不同区域的研究对象研究侧重点不同，在景观规划时着重廊道的建设和功能的设计，保持人工建设、水环境和自然环境的合理布局。优化景观格局是在基本景观格局的基础上综合了景观应用原理和格局指数量化分析方法，能为同等条件下不同方案策略的比较提供量化的参考

在农田水利规划设计中应用景观生态学和景观规划理论，就是对参与其过程中的各项要素进行合理有效的配置规划，最大限度地实现土地的生态效益。工程实施时，要充分考虑到农田水利整治规划后的土地所带来的负面影响，不仅追求量的完成，还要追求质的提高；不仅要追求经济效益和社会效益，还要追求生态效益和视觉美观。

## 五、可持续发展理论

可持续发展研究涉及人口、资源、环境、生产、技术、体制及其观念等方面，是指既满足当代人的发展需要又不危害后代人自身需求能力的发展，在实现经济发展目标的同时也实现人类赖以生存的自然资源与环境资源的和谐永续发展，使子孙后代能够安居乐业。

可持续发展并不简单地等同于环境保护，而是从更高、更远的视角来解决环境与发展的问题，强调各社会经济因素与环境之间的联系与协调，寻求的是人口、经济、环境各要素之间相互协调的发展。

可持续发展承认自然环境的价值，以自然资源为基础，环境承载能力相协调的发展。可持续发展在提高生活质量的同时，也与社会进步相适应。可持续发展理论涉及领域较多，在生态环境、经济、社会、资源、能源等领域有较多的研究。

农业水利的可持续发展是我国经济社会可持续发展的重要组成部分，具有极其重要的地位。可持续发展理论对农业具有长远的指导意义，农业水利的可持续发展遵循持续性、共同性、公正性原则。农业水利的可持续之意即是指：①农业水利要有发展。随着人口的增长人类需求也不断地增长，农业只有发展才能不断地创造出财富和有利的价值满足需求。②农业水利发展要有可持续性。农业水利的发展不仅要考虑当代人的需求，当代人的生存发展，水利建设不仅关系着经济和社会的增长，还影响着生态发展。农业水利在可持续发展过程中要树立以人为本、节约资源、保护环境的观念。

在生态领域的可持续发展研究中，是以生态平衡、自然保护、资源环境的永续利用等作为基本内容。随着人们意识到人口和经济需求的增长导致地球资源耗竭、生态破坏和河流环境污染等生态问题可持续理论得到进一步发展。村庄农田规划建设中河流、耕地、塘堰等作为景观格局的构成之一，与村庄的可持续发展紧密联系。在生态设计中要注重尊重物种多样性，减少对资源的剥夺，保持营养和水循环，维持植物生存环境和动物栖息地的质量，以有助于改善人居环境及生态系统的健康为目的。

# 第三节 田间灌排渠道设计

## 一、农渠定义

农渠是灌区内末级固定渠道，一般沿耕作田块（或田区）的长边布置，农渠所控制的土地面积称灌水地段。田间灌排渠道系指农渠（农沟）、毛渠（毛沟）、输水沟、输水沟畦。除农渠（农沟）以外，均属临时性渠道。

合理设计田间灌溉渠道直接影响灌水力度的执行与灌水质量的好坏，对于充分发挥灌溉设施的增产效益关系很大。设计时，除上述有关要求以外，尚应该注意以下几点：应与道路、林带、田块等设计紧密配合进行，对田、沟、渠、林、路进行综合考虑；应考虑田块地形，同时要满足机耕要求，必须制订出兼顾地形和机耕两方面要求的设计方案；临时渠道断面应保证农机具顺利通过，其流量不能引起渠道的冲刷和淤积。

## 二、平原地区

### （一）田间灌排渠道的组合形式

#### 1. 灌排渠道相邻布置

灌排渠道相邻布置又称"单非式""梳式"，适用于漫坡平原地区。这种布置形式仅保证从一面灌水，排水沟仅承受一面排水。

#### 2. 灌排渠道相间布置

灌排渠道相间布置又称"双非式""篦式"，适用于地形起伏交错地区。这种布置形式可以从灌溉渠两面引水灌溉，排水沟可以承受来自其两旁农田的排水。

设计时，应根据当地具体情况（地形、劳力、运输工具等），选择合适的灌排渠道组合形式。

在不同地区，田间灌排渠道所承担任务有所不同，也影响到灌排渠道的设计。在一般易涝易旱地区，田间灌溉渠道通常有灌溉和防涝的双重任务。灌溉渠系可以是独立的两套系统，在有条件地区（非盐碱化地区）也可以相互结合成为一套系统（或部分结合，即农、毛渠道为灌排两用，斗渠以上渠道灌排分开），灌排两用渠道可以节省土地。根据水利科学研究院资料，灌排两用渠系统比单独修筑灌排渠系统可以节省土地约 0.5%，但增加一定水量损失是它的不足之处。

在易涝易旱盐碱化地区，田间渠道灌溉、除涝以外，还有降低地下水位，防治土壤盐碱化的任务。在这些地区，灌溉排水系统应分开修筑。

### （二）临时灌溉渠（毛渠）的布置形式

#### 1. 纵向布置（或称平行布置）

由毛渠从农渠引水通过与其相垂直的输水沟，把水输送到灌水沟或畦，这样毛渠的方向与灌水方向相同。这种布置形式适用于较宽的灌水地段，机械作业方向可与毛渠方向

一致

## 2. 横向布置（或称垂直布置）

灌水直接由毛渠输给灌水沟或畦，毛渠方向与灌水方向相垂直，也就是同机械作业方向相垂直。因此，临时毛渠应具有允许拖拉机越过的断面，其流量一般在 20～40L/s。这种布置形式一般适用于较窄的灌水地段。

根据流水地段的微地形，以上两种布置形式，又各有两种布置方法，即沿最大坡降和沿最小坡降布置，设计时应根据具体情况选择运用。

### （三）临时毛渠的规格尺寸

#### 1. 毛渠间距

采用横向布置并为单向控制时，临时毛渠的间距等于灌水沟或畦的长度，一般为 50～120 m。双向控制时，间距为其两倍，采用纵向布置并为单向控制时，毛渠间距等于输水沟长度，一般在 75～100 m 以内；双向控制时，为其两倍。综上所述，无论何种情况，毛渠间距最好不宜超过 200 m；否则，毛渠间距的增加，必然加大其流量和断面，不便于机械通行。

#### 2. 毛渠长度

采用纵向布置时，毛渠方向与机械作业方向一致，沿着耕作田块（灌水地段）的长边，应符合机械作业有效开行长度（800～1000 m），但随毛渠长度增加，必然增大其流量，加大断面，增加输水距离和输水损失，毛渠愈长，流速加大，还可能引起冲刷。采用横向布置时，毛渠长度即为耕作田块（灌水地段）的宽度 200～400 m。因此，毛渠的长度不得大于 800～1000 m，也不得小于 200～400 m。

在机械作业的条件下，为了迅速地进行开挖和平整，毛渠断面可做成标准式的。一般来讲，机具顺利通过要求边坡为 1∶1.5，渠深不超过 0.4 m。采用半填半挖式渠道。

### （四）农渠的规格尺寸

#### 1. 农渠间距

农渠间距与临时毛渠的长度有着密切的关系。在横向布置时，农渠间距即为临时毛渠的长度。从灌水角度来讲，根据各种地面灌水技术的计算，临时毛渠长度（农渠的间距）为 200～400 m 是适宜的。从机械作业要求来看，农渠间距（在耕作田块与灌水地段二为一时，即为耕作田块宽度）应有利于提高机械作业效率，一般来讲应使农渠间距为机组作业幅度（一般按播种机计算）的倍数，在横向作业比重不大的情况下，农渠间距在 200 m

以内是能满足机械作业要求的。

2. 农渠长度

综合灌水和机械作业的要求，农渠长度为 800~1000 m。在水稻地区农渠长宽度均可适当缩短。

水稻地区田间渠道设计应避免串流串排的现象，以便保证控制稻田的灌溉水层深度和避免肥料流失。

## 二、丘陵地区

山区丘陵区耕地，根据地形条件及所处部位的不同，可归纳成三类：岗田、土田和冲田。

### （一）岗田

岗田是位于岗岭上的田块，位置最高。岗田顶平坦部分的田间调节网的设计与平原地区无原则区别，仅格田尺寸要按岗地要求而定，一般较平原地区为小。

### （二）土田

土田系指岗冲之间坡耕地，耕地面积狭长，坡度较陡，通常修筑梯田。梯田的特点是：每个格田的坡度很小，上下两个格田的高差则很大。

### （三）冲田（垄田）

冲田（垄田）是三面环山形，如簸箕的平坦田地从冲头至冲口逐渐开阔。沿山脚布置农渠，中间低洼处均设灌排两用农渠，随着冲宽增大，增加毛渠供水。

## 三、不同灌溉方式下田间渠道设计的特点

### （一）地下灌溉

我国许多地区，为了节约土地、扩大灌溉效益，不断提高水土资源的利用率，创造性地将地上明渠改为地下暗渠（地下渠道），建成了大型输水渠道为明渠，田间渠道为暗渠的混合式灌溉系统。采用地下渠道形式可节省压废面积达 2%。

地下渠道是将压力水从渠首送到渠末，通过埋设在地下一定深度的输水渠道进行送水。采用得较多的是灰土夯筑管道混凝土管、瓦管，也有用块石或砖砌成的。地下渠系是由渠首、输水渠道、放水建筑物和泄水建筑物等部分组成。渠首是用水泵将水提至位置较

高的进水池，再从进水池向地下渠道输水；如果水源有自然水头亦可利用进行自压输水入渠。

地下渠系的灌溉面积不宜过大，根据江苏、上海的经验，对于水稻区，一般以1500亩左右为宜。

地下渠道是一项永久性的工程，修成以后较难更改，一般应当在土地规划基本定型的基础上进行设计布置。地下渠道的平面布置，一般有以下两种形式。

1. 非字形布置（双向布置）

适用于平坦地区，干管可以布置在灌区中间，在干渠上每隔60~80 m建一个分水池，在分水池两边布置支渠，在支渠上每隔60 m左右建一个分水和出水联合建筑物。

2. 梳齿形布置（单向布置）

适用于有一定坡度的地段，干渠可以沿高地一边布置，在干渠上每隔60~80 m设一个分水池，再由此池向一侧布置支渠。在支渠上每隔30 m左右建一个分水与出水联合建筑物，末端建一个单独的出水建筑物。

（二）喷水灌溉

喷灌是利用动力把水喷到空中，然后像降雨一样落到田间进行灌溉的一种先进的灌溉技术。这一方法最适于水源缺乏、土壤保水性差的地区，以及不宜于地面灌溉的丘陵低洼、梯田和地势不平的干旱地带。

喷灌与传统地面灌溉相比，具有节省耕地、节约用水、增加产量和防止土壤冲刷等优点。与田块设计关系密切的是管道和喷头布置。

1. 管道（或汇道）的布置

对于固定式喷灌系统，需要布置干、支管；对于半固定式喷灌系统，需要布置干管。

①干管基本垂直等高线布置，在地形变化不大的地区，支管与干管垂直，即平行等高线布置。

②在平坦灌区，支管尽量与作物种植和耕作方向一致，这样对于固定式系统减少支管对机耕的影响，对于半固定式关系则便于装拆支管和减少移动支管对农作物的损伤。

③在丘陵山区，干管或农渠应在地面最大坡度方向或沿分水岭布置，以便向两侧布置支管或毛渠，从而缩短干管或农渠的长度。

④如水源为水井，井位以在田块中心为好，使干管横贯田块中间，以保证支管最短；水源如为明渠，最好使渠道沿田块长边或通过田中间与长边平等布置。渠道间距要与喷灌机所控制的幅度相适应。

⑤在经常有风地区，应使支管与主风方向垂直，以便有风时减少风向对横向射程（垂直风向）的影响。

⑥泵站应设在整个喷灌面积的中心位置，以减少输水的水头损失。

⑦喷灌田块要求外形规整（正方形或长方形），田块长度除考虑机耕作业的要求外，要能满足布置喷灌管道的要求。

### 2. 喷头的布置

喷头的布置与它的喷洒方式有关，应以保证喷洒不留空白为宜。单喷头在正常工作压力下，一般都是在射程较远的边缘部分湿润不足，为了全部喷灌地块受水均匀，应使相邻喷头喷洒范围内的边缘部分适当重复，即采用不同的喷头组合形式使全部喷洒面积达到所要求的均匀度。各种喷灌系统大多采用定点喷灌，因此，存在着各喷头之间如何组合的问题。在设计射程相同的情况下，喷头组合形式不同，则支管或竖管（喷点）的间距也就不同。喷头组合原则是保证喷洒不留空白，并有较高的均匀度。

喷头的喷洒方式有圆形和扇形两种，圆形喷洒能充分利用喷头的射程，允许喷头有较大的间距，喷灌强度低，一般用于固定、半固定系统。

# 第四节  田间道路的规划布局

## 一、田间道路的种类与工程内容

田间道路是田间生产和运输的动脉，它是联系县与乡、乡与村、村与村、村与田间的通道，妥善地布置田间道路，有助于合理组织田间劳作，提高劳动生产率。

根据田间道路服务面积与功能不同，可以将其划分为干道、支道、田间道和生产路四种类型。

第一，干道。干道是乡镇与乡镇联系的道路，以通行汽车为主，是整个项目区道路网的骨干，联系着农村居民点和各乡镇，承担着项目区的主要客货运输。

第二，支道。支道一般指村庄与村庄之间联系的道路，是村庄对外联系的通道，承担着运进农业生产资料、运出农产品的重任。

第三，田间道。田间道是田块与交通干支道、乡村道路或其他公路连接的道路，主要为货物运输、机械田间作业等生产操作过程服务。田间道有主辅之分：主要田间道是规划区内规模较大的居民点间联系的道路，或主要居民点到大面积地块的主要道路，供车辆行驶，在旱作区路宽 5~7 m，水田区要窄些，一般 3.5~5 m；辅助田间道由居民点通往田间地块，或连接地块与主要田间道的道路，路面宽 3~4 m，供田间作业车辆行驶，服务于一组或一个田块。

第四，生产路（田间小道）。生产路是为人工田间作业及收获农产品服务而修建的联系地块之间的主要道路，供小型机械或人、畜通行，主要起田间运输的作用，服务于 1~2 个田块，路宽 0.8~3 m。

干、支道是项目区的主要运输线路，是村庄对外联系的血脉，负担着项目区内外的运输任务，对项目区的整体布局及今后的发展有着重要影响，对其他基本建设项目的布局也起着牵制作用。在许多情况下，国有公路可以作为农村干、支道使用，一般来说农村干、支道相当于国家四级公路。干、支道的规划应结合村镇规划综合考虑。虽然目前土地整治项目一般不考虑干、支道规划，但作为道路系统的重要组成部分，特别是大范围的以田、水、路、林、村综合整治为内容的土地整治，也对干、支道做统一规划。

田间道路工程主要涉及以下几方面内容：

①路基工程。路基是路面的基础并与路面共同承受车辆荷载。路基按其断面的填挖情况分为路堤式、路堑式、半填半挖式三类。路肩是路面两侧路基边缘以内地带，用以支护路面、供临时停靠车辆或行人步行之用。路基土石方工程分为土方工程（松土、普通土、硬土三级）与石方工程（软石、次坚石、坚石三级）。

②路面工程。为适应行车作用和自然因素的影响，在路基上行车道范围内，用各种筑路材料修筑多层次的坚固、稳定、平整和一定粗糙度的路面。其构造一般由面层、基层（承重层）、垫层组成，表面应做成路拱以利排水。按其在荷载作用下的力学特性，路面可分为刚性路面（混凝土路面）和柔性路面（如泥结碎石路面）。

③道路排水工程。水是造成路基、路面和沿线构筑物冲毁的主因，根据来源不同分为地表水和地下水。地表水沿道路表面流向或渗入路基土内时，可能将冲毁路基的路肩和边坡以及路面；地下水能使路基湿软，降低土基强度和路面承载力，严重时可引起翻浆或边坡滑坍，导致交通中断。

④桥涵工程。道路跨越河流沟谷时，须建涵洞、桥梁等构筑物。过水构筑物有漫水桥、过水路面、渗水路堤等。桥涵要根据当地的地形、地质、水文等条件，行车及外力等荷载，建桥涵目的要求等，因地制宜，就地取材，合理选用桥涵形式，做到坚固、适用、安全、经济、美观。

## 二、道路系统布局原则

### （一）交通便捷的原则

道路系统规划应保证便捷的交通联系，要求线路尽可能笔直且往返路程最短；规划区内要有合适的路网密度，要保证规划区居民点对外、居民点之间、居民点与地块有方便的交通联系；满足道路纵坡要求。

## （二）经济合理的原则

对现有道路符合规划布局要求的，宜保留或维修；对现有道路完全不能符合规划布局要求的，特别是项目区内的弯曲小路，应随着土地平整或农民耕种而转变为耕地。

同时，道路系统的配置应该以节约建设与占地成本为目标，在确定合理道路面积与密度情况下尽量少占耕地，尽量避免或者减少道路跨越渠沟等，减少桥涵等交叉工程的投资。

## （三）尽量少占耕地原则

应尽量减少占耕地、农用地面积，确实需要占用的，可考虑如下从优先到尽量不占用的次序：塘埂、田埂（坎）、林地（园地）、旱地、水田。

## （四）综合配置、因地制宜的原则

田间道路应沿田块边界布设，并与渠道、护田林带相协调，同时应注意与干支道、居民点取得衔接，以便形成统一的农村道路网；道路宽度和密度应按实际需要而定。

由于道路工程规划受到地形地势、地质、水文等自然条件与土地用途、耕作方式等社会经济条件的影响，不同地区道路系统规划的内容与重点也不一样。在平原微丘地区，地形平缓，坡度变化不大，道路设计要力求短而直，应特别注意地面的排水设计，以保证路基的稳定性。在丘陵山区，高程变化大，应充分利用地形展线，形成沿河线、越岭线、山脊线、山谷线，以减少工程量、降低费用，其重点是合理确定走向。在人多地少的南方地区，机械化程度较低，土地利用集约度高，应尽量减少占地面积，与渠道、防护林结合布局。在人少地广的北方地区，道路规划应充分考虑机械化作业的要求，纵坡不宜过大，路宽要合理，路基要达到一定的稳固性。

在土地整治项目区内，干道、支道、田间道、生产路相互作用、相互依赖，构成了项目区的道路系统，同时这个系统又隶属于由道路、田块、防护林、灌排系统等构成的项目区土地利用系统。在进行道路规划时，要结合当地的地貌特征、人文特征，使项目区内的各级道路构成一个层次分明、功能有别、运行高效的系统，以减少迂回运输、对流运输、过远运输等不合理布局形式。农村道路是为农业生产服务的，要从项目区农业大系统的高度来进行规划，田间道、生产路要服从田块规划，与渠道、排水沟、防护林结合布局，不能为了片面追求道路的短与直，而破坏田块的规整。

## 三、道路的生态影响

道路在景观生态学中称之为廊道，作为景观的一个重要组成部分，它势必对周围地区的气候、土壤、动植物以及人们的社会文化、心理与生活方式产生一定程度的影响。

### （一）道路的小气候环境影响

道路的小气候主要由下垫面性质及大气成分决定。下垫面性质不同对太阳的吸收和辐射作用不同，道路中水泥、沥青热容量小、反射率大、蒸发耗能极小、势必造成下垫面温度高。道路下垫面与周围、温度、湿度、热量、风机土壤条件组成小气候环境，下垫面吸热最小、反射率大极易造成周围出现干热气候。道路两旁栽植树木可以起到遮阴、降温和增加空气湿度等作用。据测量数据显示，道路种植树木可有效降低周围温度达3℃以上，空气湿度也增加10%~20%。树木还可以吸收二氧化碳、释放氧气改变空气成分，另外田间道路两边种植树木还可以降低风速，防止土壤风蚀，减少污染物和害虫的传播，对周围农田生态系统有较好的保护作用。

### （二）道路城镇化效应

道路是地区间的关系纽带，道路运输刺激商品的交换发展，对于乡村来说道路的意义更为重要。道路刺激经济发展加快城镇化建设，在道路运输商品的过程中，也传递文化、信息、科技，这些不仅带动了地方的经济发展，也促使了人们文化观念的改变。城镇化的直接后果是城市景观不断代替乡村景观，造成乡村景观发生巨变。

### （三）道路对生态环境的破坏

道路对生态环境的破坏主要在道路的建设及道路的运输。道路建设过程中开山取石、占用土地、砍伐树木对土壤、植被、地形地貌不可避免地造成生态破坏。另外，道口建成带动周边房屋建设占用田地给周围地区带来较大的干扰。道路运输过程中产生大量的污染物。道路中产生的污染是线性污染，随着运输工具的行驶污染物传播范围广，危害面积大、影响面广。汽车产生的尾气造成空气成分改变，影响太阳辐射，对周边动植物及人类有很大的危害。交通运输的噪声也是一大危害，道路噪声主要由喇叭、马达、振动机轮胎摩擦造成。据测量道路产生的噪声高达70dB以上，影响着人们的正常生活。

道路的生态建设是在充分考虑地形地貌、地质条件、水文条件、气候条件以及社会经济条件等基础上，根据生态景观学原理规划设计。道路的曲度、宽度、密度及空间结构要根据实际需要进行合理规划，要因地制宜，不应造成大的生态破坏。

## 四、道路与渠道、排水沟的综合布置

### （一）沟渠相间布置

沟渠相间布置时，道路与沟渠的常见布置有两种情形。

#### 1. 田间道布置在沟边靠农田一侧

这种布置形式可利用挖排水斗沟的土方填筑路基，节省土方量，并且农业机械可以直接下地作业，道路以后也有拓宽的余地。若田间道要穿越农沟，须在农沟与斗沟连接处埋设涵管或修建桥梁、涵洞等建筑物。埋设涵管时，如果孔径不足，势必影响排水，在雨季田块易积水受淹。并且在这种情况下，道路位置较低，为避免被淹，必须在路旁修筑良好的截水路沟。

#### 2. 田间道布置在渠边靠田块的一侧

这样有利于保证路面干燥，机组下地作业方便，但须修建涵管等建筑物，加大基建费用。

### （二）沟渠相邻布置

#### 1. 沟—路—渠形式

道路布置在灌溉渠和排水沟之间，有利于田间灌水和排水及沟渠的维修管理，但机械进入田块需要修建下田涵。在降雨量较小的地区，该方式使用最多；在降水较多的地区，排水沟断面较大，如采用这种形式投资大。

#### 2. 沟—渠—路形式

道路布置在田块位置高的一端，道路不积水，有利于农业机械下田作业。但渠道向田间灌水须修建交叉建筑物。

#### 3. 路—沟—渠形式

道路布置在田块下端低位置，位于排水沟一侧，灌水与机械进入田块方便，但田间向排水沟排水受道路所隔，须修建涵洞，交叉建筑物多。

## 五、道路编号原则

土地整治规划图中，道路编号需遵循以下原则：①同片、同类道路统一编号；②走向相同或相近的视为同一条路，道路转弯大于45°的视为两条路，分别标号；③被国标等级公路、干路、支路、田间路、河道、桥梁分段的应视为两条路，分别标号；④穿过村庄、保护地、林地、坟地等处的路应分别标号。

## 六、农桥规划

拟定干、支道上桥的位置及桥型，确定它与其他交通线和管道的交叉方法。本着"大、中桥服从线路总方向，路、桥综合考虑，小桥涵洞要服从线路走向"的原则，跨越位置最好选在河面不宽、水流畅通、地质条件好、河床稳定处，且应使两岸桥头引道土石方较少。这样可缩短桥长，减少工程费用。当桥位遇有支流汇合时，应选在距离汇合处下游河宽 1.5~2 倍的地方。距离过近，对桥墩不利。线路跨河弯时，尽可能将桥位选在急弯上游，当限于线路和地形不能设在上游时，也可设于下游，但应尽量远离急弯，一般最好在河宽 1~1.5 倍以外。干道、支道与其他交通线和管道一般应该力求正交，在不能正交时，交角应不小于 45°。交角附近要有一段平直的路线，要保证规定的最短视距。

# 第五节　护田林带设计

## 一、护田林带设计定义

护田林带设计是农地整理设计的一项重要内容，它应同田块、灌排渠道和道路等项设计同时进行，采取植树与兴修农田水利、平整土地、修筑田间道路相结合，做到沟成、渠成、路成、植树成。

营造护田林带能够降低风速，减少水分蒸发，改善农田小气候，为农作物的生长发育创造有利的条件，从而起到护田增产的作用。根据辽宁省新章古台防林试验站提供的资料，在林带 20H（H 为带高）范围内，与空旷地相比，随林带结构的不同，风速平均降低 24.7%~56.5%，平均气温高 1.2℃（9%），相对空气湿度增加 1.0%~4.0%。平均地表温度提高 3.3℃（12.5%），蒸发量降低 14.7 mm（13.9%），作物总产量比无林保护的耕地增产 21.0%~51.3%，高达一倍半。此外，林带对防止棉花蕾铃脱落和增产具有一定的作用。

## 二、林带结构的选定

林带结构是造林类型、宽度、密度、层次和断面形状的综合体。一般采用林带透风系数，作为鉴别林带结构的指标。林带透风系数指林带背风面林缘 1 m 处的带高范围内平均风速与旷野的相应高度范围内平均风速之比。林带透风系数 0.35 以下为紧密结构，035~0.60 为稀疏结构，0.60 以上为通风结构。

不同结构林带具有不同的防风效果。紧密结构林带其纵断面上下枝叶稠密，透风孔隙很少，好像一堵墙，大部分气流以林带顶部越过，最小弱风区出现在背风面 1~3H 处，风速减弱 59.6%~68.1%，相对有效防风距离为 10H。在 30H 范围内，风速平均减低 80.6%。

稀疏结构林带，其纵断面具有较均匀分布的透风孔隙，好像一个筛子。通常由较少行数的乔木，两侧各配一行灌木组成。大约有 50%的风从林带内通过，在背风面林缘附近形成小旋涡。最小弱风区出现在背风面 3~5H 处。风速减弱 53%~56%，相对有效防风距离为 25H（按减低旷野风速 20%计算），在距林带 47H 处风速恢复 100%。在 30H 范围内，风速平均减低 56.5%。

通风结构林带没有下木，风能较顺利地通过，下层树干间的大孔隙形成许多"通风道"，背风面林缘附近风速仍然较大，从下层穿过的风受到压挤而加速。因此，带内的风速比旷野还要大，到了背风林缘，解除了压挤状态，开始扩散，风速也随之减弱，但在林缘附近仍与旷野风速相近，最小弱风区出现在背风 3~5H 处，随着远离林带，风速逐渐增加。相对有效防风距离为 30H 范围内，内速平均减低 24.7%。

从上述三种结构林带的防风性能来看，紧密结构林带的防风距离最小，所以农田防护林不宜采用这种结构。在风害地区和风沙危害地区，一般均采用通风结构林带和稀疏结构林带。

# 三、林带的方向

大量实践证明，当林带走向与风向垂直时，防护距离最远。因此，根据因害设防的原则，护田林带应该垂直于主要害风方向。害风一般是指对于农业生产能造成危害的 5 级以上的大风，风速等于或大于 8 m/s。因此，要确定林带的方向，必须首先找出当地的主害风方向。

为了确定当地主要害风方向，必须对其大风季节多年的风向频率资料进行分析研究，找出其频率最高的害风方向，以决定林带的设置方向。

一般将春秋两季风向频率最高的害风叫作主害风，频率次于主害风的叫次害风。垂直于主害风的林带称为主林带。主林带沿着轮作田区或田块的长边配置，与主林带相垂直的林带称为副林带，一般沿着田块的短边配置，但是设计时往往因受具体条件限制，为了尽量做到少占或不占，少切或不切耕地，充分利用固定的地形、地物，可与主害风方向有一定的偏离。有关的实验观测证明，当林带与主害风方向的垂直线的偏角小于 30°时，林带的防护效果并无显著的降低。因此，主林带方向与主要害风的垂直线的偏角可达 30°，最多不应超过 45°林带间距过大过小都不好，如果过大，带间的农田就不能受到全面的保护；

过小，则占地、胁地太多。因此，林带间的距离最好等于它的有效防护距离。护田林带的有效防护距离即农田的有效受益范围，是决定林带间距和林带网格面积的主要因子。

有效防护距离，应根据当地的最大风速和需要把它降低到什么程度才不致造成灾害，以及种植树种的成林高度为依据来确定。

## 四、林带的宽度

林带宽度对于防护效果有着重要的影响，同时宽度的增减与占地多少又有着直接的关系。因此，林带的适宜宽度的确定，必须建立在防风效率与占地比率统一的基点上。

林带的宽度是影响林带透风性的主要因子，林带越宽，密度越大，其透风性越小，否则相反。而林带透风性与林带防护效果关系很大，不同的带宽具有不同的防护效果。过窄的林带显然效果差，但过宽的林带也不好，过宽时，透风结构的林带也将随之转化为稀疏的以至紧密的防风效应，从而影响有效防护距离和防风效率。林带防风效果并不是随林带宽度的增加而无限制地增大，当带宽超过一定的限度，防风效益就会停止增加。林带的防护效果最终以综合防风效能值来表示，它是有效防护距离和平均防风效率之积的算术值。综合防风值高，说明宽度适宜，防护作用大；反之，防护作用则低。从表7-1可以看出，综合防风效能值以5行林带为高。

表7-1 不同带宽的综合防风效能值

| 带宽（行） | 有效防护距离（倍） | 平均防风效率（%） | 综合防风效能值 |
|---|---|---|---|
| 2 | 20 | 12.9 | 258.0 |
| 3 | 25 | 13.8 | 348.0 |
| 5 | 25 | 25.3 | 632.5 |
| 9 | 25 | 24.7 | 617.5 |
| 18 | 15 | 27.3 | 409.5 |

林带占地比率随着宽度增加而增加，网格面积相同，林带越宽，占地比率就越大。据调查，一般林带占地比率为4%~6%，一般来说农田防护林以采用5~9行树木组成的窄林带为宜。

林带宽度可按下式计算：

$$林带宽度 = （植树行数-1）\times 行距 + 2 倍由田边到林缘的距离 \qquad (7-1)$$

行距一般为1.5，由田边到林缘的距离一般为1~2 m。根据上式，8~9行的主林带的宽度为12~17 m，5~7行的副林带的宽度为8~10 m。

# 第六节　农田水利与乡村景观融合设计

## 一、乡村景观内涵

根据乡村地区人类与自然环境的相互作用关系，确定乡村景观的核心内容包括以农业为主体的生产性景观、以聚居环境为核心的乡村聚落景观和以自然生态为目标的乡村生态景观。由此可见，乡村景观的基本内涵包含了这三个层面的内涵。

### （一）生产层面

乡村景观的生产层面，即经济层面。以农业为主体的生产性景观是乡村景观的重要组成部分。农业景观不仅是乡村景观的主体，而且是乡村居民的主要经济来源，这关系到国家的经济发展和社会稳定。

### （二）生活层面

乡村景观的生活层面，即社会层面。涵盖了物质形态和精神文化两方面。物质形态主要是针对乡村景观的视觉感受而言，用以改善乡村聚落景观总体风貌，保持乡村景观的完整性，提高乡村的生活环境品质，创造良好的乡村居住环境。然而精神文化主要是针对乡村内居民的行为、活动以及与之相关的历史文化而言，主要是通过乡村的景观规划来丰富乡村居民的生活内容，展现与他们精神生活世界息息相关的乡土文化、风土民情、宗教信仰等。

### （三）生态层面

乡村景观的生态层面，即环境层面。乡村景观在开发与利用乡村景观资源的同时，还必须做到保持乡村景观的稳定性和维持乡村生态环境的平衡性，为社会呈现出一个可持续发展的整体乡村生态系统。

## 二、农田水利与乡村景观联系

### （一）农田水利工程创造乡村景观

人类是景观的重要组成部分，乡村景观是人类与自然环境连续不断相互作用的产物，涵盖了与之有关的生产、生活和生态三个层面，其中，农田水利是乡村景观表达的主线。正如古人所说的"得水而兴、弃水而废"，农田水利是农业的命脉，农业形成了乡村景观的主体，农田水利创造独具地域特色的乡村景观。

农田水利在发展农业的同时，作为乡村景观要素的一个重要组成部分，与乡村景观有机地结合在一起，增加了乡村景观多样性和生物多样性，丰富了乡村景观形态。

### （二）乡村景观传递水文化

文化与景观在一个反馈环中相互作用，文化改变景观、创造景观；景观反映文化，影响文化。景观、文化、人构成了一个紧密联系的整体，人作为联系景观与文化的红线，在生产、生活的实践中，在时间的隧道中创造着文化，并将文化表现为一定的景观，同时景观也因为人的参与而具有了一定的文化内涵。工程是文化的载体，每一处农田水利工程都记载着人民治水兴农的历史踪影。

## 三、农田水利与乡村景观融合形态的体系构建

### （一）"点"——水工建筑景观

点，即斑块，一般指的是与周围环境在外貌或性质上的不同空间范围，并且内部具有一定的均质性的空间单元。斑块既可以是植物群落、湖泊、草原，也可以是居民区等，因此，不同类型的斑块，在大小、形状、边界和内部均质程度都会有很大的差异。斑块的概念是相对的，识别斑块的原则是与周围的环境有所区别，且内部具有相对均质性。应该强调的是，这种所谓的内部均质性，是相对于其所处周围环境而言的，主要表现为农田水工建筑组合体与周边背景区域的功能关系。

### （二）"线"——河流、渠道景观

线，即廊道，指景观中与之相邻两边自然环境的线性或带状结构，以及河流、田间渠道、道路、农田间的防风林带等。

### （三）"面"——农田景观

面，即基质，亦称为景观的背景、基底。在景观营造过程中，面的分布最为广泛，并且具有联系各个要素的作用，具有一定的优势地位。面决定景观，也就是说基质决定着景观的性质，对景观的动态起着主导作用。森林基质、草原基质、农田基质等为比较常见的基质。

## 四、农田水利工程与乡村景观融合具体方式

农田水利工程大多位于山川丘陵的乡野地区，工程融于自然，景色秀美，为发展乡村水利旅游提供了好的规划思路与开发资源，主要以农田水利工程设施与其共生文化共同组成。乡村景观缺少的就是如何选择好的交汇点将农村的工程设施景观与文化景观结合起来，然而中国传统的农田水利正是这两种景观的完美交汇点。

（一）工程景观融合

1. 融合农田水利功能对景观进行划分

农田水利属于乡村景观中的生产性景观，根据农田水利工程的不同功能与属性来确定农田水利景观的景观单元，分为取水枢纽景观、灌溉景观、雨水集蓄景观、井灌井排景观、田间排水景观、排水沟道景观、水工建筑景观、不同地域景观八个景观单元，通过划分出的景观单元能够系统地、逐步地向人们展示农田水利工程的工程景观。如取水枢纽景观单元中包括拦水坝、堤、泄洪建筑物等，灌溉景观单元中的渠道、分水闸、节水闸、喷灌微灌等。

2. 融合农田水利与水的形态对空间进行划分

水主要分为动态与静态的水。水的情态是指动态或静态的水景与周围环境相结合而表达出的动、静、虚、实关系。

农田水利工程设计的直接对象就是水体，水利工程设定了水的边界条件，规范了水的流动，并改变了水的存在，在兴利除害的同时，还应对自然做生态补偿，用不同的方式处理使其产生更美的水景空间。

（1）静空间

通过拦河筑堤坝蓄江、河、湖泊、溪流等形成的水体是大面积静水。静态的水，它宁静、祥和、明朗，表面平静，能反射出周围景物的影像，虚实结合增加整个空间的层次感，提供给游人无限的想象空间。水体岸边的植物、水工建筑、山体等在水中形成的倒影，丰富了静水水面，有意识地设计、合理地组织水体岸边各景观元素，可以使其形成各具特色的静空间景观。

（2）动空间

通过溢洪道、泄洪洞汛期泄洪、喷灌等水利工程会形成动水。与静水相比，动水更具有活力，而令人兴奋、激动和欢快。似小溪中的潺潺流水、喷泉散溅的水花、瀑布的轰鸣等，都会不同程度地影响人的情感。

动水分为流水、落水、喷水景观等几种类型。

流水景观。农田水利工程中的下游河道生态用水，灌溉设施的渠道、水闸，田间排水设施的明沟等都会形成或平缓或激荡的流水景观。在景观规划和设计中合理布局，精心设计，均可形成动人的流水景观。

落水景观。落水景观主要有瀑布和跌水两大类。瀑布是河床陡坎造成的，水从陡坎处滚落下跌形成瀑布恢宏的景观；跌水景观是指有台阶落差结构的落水景观。如大型水库的溢洪道一般高度高，宽度大，其泄水时的景象非常壮观，为库区提供变化多样的动态水景。

喷水景观。喷水此处主要是指喷灌与微灌节水设施所形成的喷水景观。喷灌与微灌是农业节水灌溉的主要技术措施，在满足节水灌溉需求的同时也形成了乡村特有的喷水景观，更胜于城市环境中传统的喷泉喷水形式。

## （二）文化景观融合

在农田水利景观资源的开发中，须挖掘的文化包括农田水利自身的工程文化、水利共生的水文化、资源所属的地域文化，三者共同组成了农田水利景观资源非物质景观。

### 1. 融合农田水利工程文化

农田水利工程从最初的规划、设计到后期的施工、运行管理，每个环节都需要科学与技术的综合运用，它涉及机械工程、电气工程、建筑工程、环境工程、管理工程等多学科的知识。农田水利工程的共有特性是先进技术与措施，这正是乡村旅游的关键看点所在。如运用图示、文字的形式展示工程当中的工艺流程、工作原理等内容，使旅游者更好地了解农田水利、认识农田水利，在学习水利知识的同时还能够增强旅游者的水患意识，促进人水和谐全面发展。

### 2. 融合农田水利水文化

我国古代的哲人老子说："上善若水，水利万物而不争。"水是农业的命脉，我国是古老的农耕国度，靠天吃饭一直是主旋律，但天有不测风云，"雨养农业"着实靠不住。于是，古人便"因天时，就地利"，修水库，开渠道，引水浇灌干渴的土地，从而开辟出物阜民丰的新天地。2000多年前，李冰修建都江堰，引岷江水进入成都平原，灌溉出"水旱从人""沃野千里"的"天府之国"，至今川西人民仍大受其益。可通过将挖掘出的水文化作为中心，以文字篆刻等手段来体现，将文化与景观结合，为公众展示我国历史悠久的水文化。

### 3. 融合农田水利地域文化

农田水利工程遍布大江南北，因其所处的地域不同，所以各具不同的地域文化，展现出浓郁的地方特色。乡村景观因地域差异而具特色，各有各的自然资源和历史文脉，正所谓江南水乡、白山黑水、巴山蜀水等自有其形，各有千秋。

# 第八章 水资源开发利用

## 第一节 城市水资源开发利用

### 一、城市水资源的新内涵

水资源是一种动态的可更新资源，具有可恢复性和有限性的特点。全球水资源通过蒸发、降雨、径流等形式不断处于消耗与补充的循环中，陆地水量与海洋水量基本是稳定的，但在一定的时间和空间范围内，大气降水对水资源的补给却是有限的，当人类对水资源消耗大于其正常补给时，就会出现河流断流、地下水枯竭、水污染加剧、生态环境恶化等问题。水资源的可恢复性与有限性特点使人类能够也必须通过可持续开发利用水资源，使水资源能被永续利用，实现经济、环境、社会的协调发展。

水资源的定义和内涵随着社会经济的发展与技术的发展而变化。传统意义上的城市水资源指城市地区的地下水与地表水，然而城市固有的特点：人口集中、工业集中，必然造成城市需要大量的水资源，往往传统意义上的城市水资源无法满足城市的需求。由于固守于利用传统意义上的水资源，有些城市过度开采地表水与地下水，引起了地面沉降、河流断流等生态环境问题，严重破坏了自然水系统的良性循环，加重了城市水资源短缺与生态环境恶化问题，这不符合可持续发展与循环经济理念。因此，从可持续发展观与循环经济理念出发，根据城市特殊的水文循环、用水特点，拓展与明确城市水资源内涵，对于引导城市水资源的可持续利用，促进水资源良性循环具有重要的意义。事实上人们在生产实践中已在拓宽水资源的范围，如沿海缺水地区海水的利用，缺水城市污水、雨水的利用。

（一）雨水

降雨是流域水资源不断得以更新、补充和恢复的重要保障，天然流域中，降雨一部分通过径流补给河流等地表水，一部分通过土壤入渗补给地下水，使水资源保持不断的循环过程。在城市地区，由于不透水地面的增多，一方面，降雨补给城市地下水的水量变少；另一方面，由于不透水地面缺乏土壤与植被对雨水的滞留与含蓄作用，降雨很快在地表形成积水，增加了城市的水害风险，城市雨水携带着城市地表的大量污染物通过排水管道排入河流或污水厂，污染了城市下游河流，增加了城市污水处理量。城市的特点不但减少了雨水补给地下水的水量，而且降低了补给地表水的水质，水质较好的雨水既没有效补给城市地表水与地下水，又未被利用就变为污水排走，从循环经济的资源观来看，是资源的极大浪费。城市雨洪水一直以来未被作为城市水资源的一部分，而是作为废水被排走，是造成雨水资源浪费、影响城市水资源良性循环的原因之一。因此，将城市雨水明确列为城市水资源的一部分，对于促进城市雨水的利用，增加城市水资源量和城市防洪能力，促进水资源良性循环是非常必要的。

（二）城市污水

城市消耗大量水资源的同时，也排出大量的污水，城市用水的70%左右将变为污水，是造成河流污染、水环境恶化的主要原因；另外，城市污水不但数量巨大而且水量稳定，能够满足城市工业与生活用水连续性与稳定性的要求，具有很大的开发利用潜力，而且目前的技术完全有能力把污水处理为符合回用目的的水。从循环经济理念看，污水资源化是实现水资源持续利用的方式。

（三）海水

全球96.54%的水量是海水，由于海水含盐量高，不适宜作为生活和工业用水，随着科学技术的发展，人类已能把海水处理为能为人利用的水质，甚至达到饮用水的标准。沿海缺水城市首先对海水进行了开发，在部分沿海城市，海水已成为重要供水水源，主要用于电力、化工、冶金等工业行业，以及海水冲厕、饮用等生活用水。虽然海水的淡化还存在着经济费用高、技术难度大的问题，但把海水纳入沿海城市可利用水资源的一部分，积极鼓励开发利用海水资源，是促进海水利用技术的发展，解决沿海城市水资源问题很有发展潜力的途径。

（四）客水

随着城市水资源供需矛盾的尖锐，城市水源有向区外延伸的趋势。跨流域调水存在着工程投资大、技术复杂、生态破坏等诸多问题，并不属于城市鼓励开发利用的范畴，但对水资源极度缺乏的城市，跨流域调来的客水已成为城市水源的重要组成部分。

污水、雨水、苦咸水和海水、客水，在一些缺水城市已有小规模的应用，但尚未得到广泛的重视。把污水、雨水、苦咸水和海水、客水明确纳入城市水资源，进行综合的分析评价，对于促进城市水资源的优化利用、良性循环，实现水资源可持续利用具有重要的意义。对于具体的城市，由于自然地理条件不同，城市水资源的组成也有所不同，如沿海城市的水资源中可包括海水，而内陆城市则不一定包括海水。

## 二、城市水资源可持续开发利用原则

### （一）城市水资源可持续开发利用内涵

城市水资源可持续开发利用的内涵应包含三方面的内容：一是要满足城市持续健康发展的需要，即城市人群清洁生活用水的需求、经济发展的需求和城市生态用水的需求。二是要保障水资源的良性循环。由于水资源是可再生资源，所以只要不破坏水资源的可再生能力，维持水资源的良性循环，就能保证水资源永续利用，不会影响下一代人对水资源的持续利用。三是城市水资源的开发利用不能剥夺其他地区发展用水的机会、不能破坏其他地区生态环境。所以，城市水资源的可持续开发利用是在天然水资源再生极限内，合理地开发利用常规水源、非常规水源，慎重开发客地水源，满足城市人群清洁的生活用水需求和经济发展需求、城市生态系统良性发展需求，保证城市水资源系统良性循环，同时不造成对城市周边和其他地区生态系统和水环境的破坏，既要满足城市自身的需求，又不能剥夺其他地区的需求，是社会效益、经济效益、环境效益与资源效益的统一。

### （二）城市水资源可持续开发利用原则

城市水资源的开发利用既可促进生态的良性发展、水资源的可持续利用、经济的增长与社会发展，也可能导致生态系统的恶化，影响社会，经济的健康发展，循环经济理念提出了可持续的资源利用观念与方式，以及人与环境资源的关系。我们从循环经济理念出发，阐述城市水资源开发利用应遵循的原则，作为城市水资源可持续开发利用方针政策、工程技术措施的指导思想。

#### 1. 协调性原则

协调是生命系统、非生命系统和社会经济系统发展与演化的总趋势，是系统和谐和高效的必要条件。循环经济理念强调人与自然的和谐，在资源的开发利用中人不能置身于人、自然环境这一大系统之外，人与自然资源、环境是休戚相关的，人在开发利用自然资源时必须考虑到自然资源的有限性，必须与自然资源、环境的承载力相协调，不能超过自然资源与环境的承载力。城市水资源的开发利用必须与当地的自然水资源承载力相协调，不能超过自然水资源的承载力，否则会造成水环境恶化、生态系统退化、水资源的恶性循环；城市水资源开发利用工程要与城市的经济、水文、地理条件相协调，这样才能使水资源开发利用工程实现最大的经济、社会、环境效益。

## 2. 整体性原则

城市水资源开发利用不能只考虑城市自身的需要，还要考虑到周边地区的需要，要服从流域的整体利益。上游城市大量截留河水，又向下游河流排入大量未经处理的污水，这种缺乏整体观念的方式导致下游城市水资源匮乏和水源的污染，最终导致了整个流域水资源开发利用的混乱和低效益。整体性原则还体现在城市与自然的关系上，城市是"社会—经济—自然"复合系统，城市不能脱离自然生态系统而单独存在，城市赖以存在、发展的水资源即来自自然生态系统，所以，不能把城市地区以外的自然环境作为城市无限索取，却去藏污纳垢的地方，城市开发利用水资源的同时也必须保护自然环境，保护自然环境涵养水资源的能力。保护生态系统，就是保护了城市赖以生存发展的资源，也就保障了城市的可持续发展。

## 3. 良性循环原则

水资源是可再生资源，水资源的良性循环是人类永续利用水资源的重要保障。城市是人类强烈改造自然的"社会—经济—自然"复合系统，城市的特点使得城市地区的水文循环发生了很大的变化。城市水资源开发利用过程中，应充分认识到城市对自然水文循环的影响，尽量减少城市对自然水文循环的破坏性干扰，形成城市水文的良性循环，如从自然界取适量的水，城市污水处理达标后再排入天然水体，对污染的水体进行修复，雨洪水的利用等，这样才能保证城市对水资源的持续利用，城市才能健康持续发展。

## 4. 资源消耗最小原则

3R（减量化、再利用、资源化）原则是循环经济理念的核心内容，它们的重要性并非并列的，因为废物的资源化过程同样要消耗资源和物质，如果废物中资源含量低会导致成本很高，所以 3R 原则的优先顺序应该是：首先从源头上减少资源的消耗量，避免和减少废物；其次是多次使用资源，提高资源利用效率；最后才是废物的资源化。3R 原则的根本目标是要求在经济流程中系统地避免和减少废物，从根本上减少自然资源的耗竭，减少由线性经济引起的环境退化。

城市水资源的可持续开发利用首先要重点强调减少城市用水的消耗量，即通过采用新技术和管理，减少跑、漏、滴的现象，调整经济结构，减少单位产品耗水量，将人均生活用水量控制在合理需求的范围内，从源头上控制水的消耗与污水的产生；其次是重复利用水资源；最后是污水的资源化利用，污水资源化过程需要耗费其他的资源与大量的投资，是一种末端治理的方式。

资源消耗最小原则不仅指城市水资源开发利用首先要从节约用水开始，最大限度地减少水资源的消耗，而且指水资源开发利用过程中要注意节约其他的资源，在满足水资源需求的条件下，要优先考虑综合资源消耗最小或稀缺资源消耗最小的方案，避免加速其他不可再生资源的耗竭速度。

5. 优化原则

城市水资源构成的多样性，以及开发利用过程对环境影响程度、所需成本的不同，造就了城市水资源的开发利用存在着多方案、复杂性的特点，所以必须综合考虑城市的社会、经济、环境生态与资源效益，利用优化技术和辅助的决策系统手段，使城市水资源开发利用实现环境、资源、社会经济的综合效益。

6. 基本需求优先原则

城市人群生活用水的清洁、安全是城市人群卫生健康的基本保障，生态系统是保障城市发展的基础支持系统，生态系统的基本用水需求是生态系统维持良性发展的保障，这两个基本需求应该优先满足。

7. 公平原则

公平原则是持续发展的一个重要内容，包括代内公平和代际公平。城市开发利用水资源不能影响其他地区对水资源的利用，上下游城市之间、城市与农村之间应公平合理共享水资源，调水城市的调水量应在调出水地区满足社会经济发展需求、生态用水需求后的盈余之内；城市内各利益群体之间应合理公平分配水资源；公平原则还应保障每一个人都享有清洁饮用水的权利；代际公平指城市开发利用水资源时，保持水资源的再生能力和生态环境的良性发展，使下一代人具有平等的开发利用水资源的机会。

# 三、新时期城市水资源开发利用和管理的措施

## （一）新时期城市水资源开发利用战略

### 1. 提高水资源的利用效率

充分挖掘水资源潜力，并采取先进的工艺流程，提高工业用水的重复利用率和降低工业用水定额，是缓解城市供水紧张的一项重要措施，也是建立节水型社会生产体系的重要组成部分。

### 2. 废水净化再利用，实行废水资源化

严格控制污水排放，加强污水净化处理能力。如果60%的废污水能够得到处理转化为再生水，用来弥补全国的缺水量还绰绰有余。所以，废水净化再利用，实行废水资源化，既能缓解城市用水的供需矛盾，又可防止污染，保护生态环境，具有明显的社会、经济与生态环境效益。

### 3. 开发利用雨洪水、咸水与海水

开发利用雨水已成为当今世界水资源开发的潮流之一。城市大面积建筑群形成的不透水面使雨水收集具备最有利的条件。城市面积越大，降水越多，可望收集的雨水也越多。城市雨水收集不仅使城市供水得到大量补充，同时还可缓解城市下游的雨洪威胁。

### 4. 开展地下水资源的人工补给

人工补给不仅能解决地下水过量开采问题，还有改良水质、排水回收利用、废水处理、阻止海水入侵、防止地面沉降、控制地震等重大技术用途。开发地下水库具有占用土地少、蒸发消耗小、调蓄能力强、引灌工程简便、工程周期短、耗资小、效益高等优点。

## （二）新时期城市水资源管理措施

### 1. 节水优先，支撑社会经济可持续发展

根据区域水环境条件和水资源承载能力，制订城市产业结构，布局调整方案，调整与水资源条件和水资源供应不相适应的经济结构，使国民经济各产业发展和产业布局与水资源配置相协调，逐步建立与区域水资源和水环境承载力相适应的经济结构体系。确定水资源的"宏观控制指标"和"微观定额指标"，明确城市总体及各地区、各行业、各部门乃至各单位的水资源使用权指标，确定产品生产或服务的科学用水定额，以促进城市产业结构调整，逐步淘汰高耗水、高污染行业。对非工业行业和居民生活用水也开展定额用水管理。

以可持续发展思想研究城市水资源问题，首先认为水资源是战略性经济资源，是国家综合国力的有机组成部分。其次认为水资源是有限的自然资源，不能取用无偿。随着城市人口增加、经济发展，供需矛盾加剧，人类认识到对自然资源必须计价。长期以来水资源市场化程度不高，水价过低，不能以水养水，不利于资源节约，水利工程被当作福利性事业，投资难以回收，缺乏自我发展能力。因此，必须充分发挥市场在水资源配置中的基础性作用，建立合理的水价形成机制和水利投资机制。同时，转变经济增长方式，由传统工业文明的增长方式转向现代文明的可持续发展经济增长方式，提高用水效率，建立规范的水务市场，制定合理的水价机制，可以有效促进水资源优化配置，激励提高用水效率，减少浪费。

为了适应社会主义市场和规则，按照我国水法规则，结合国际上城市水务管理经验，目前我国城市迫切需要建设以水权、排污权分配与交易为主导的水务市场，实现城市水务市场化。激活城市水务市场需要政府的角色从水务的提供者转向水务法规的制定者、水务市场监管者，引入市场机制，更多地依靠市场力量来建立合理的水权分配和市场交易经济

管理模式，同时，允许水务资产结构、投资结构多样化、多元化，才能建立有效的利益激励机制和激励动力，才能实现"一龙管水，多龙治水"的目标。

技术性措施具体用于工业节水和市政节水领域。工业节水包括应用冷却系统节水、热力系统节水、工艺系统节水等各种节水工艺与设备等多方面。其中，工序间水的重复使用和套用以及冷却水的循环使用是工业节水的重要技术对策。企业与工厂通过清洁生产审计，推广清洁工艺、节水技术、节水设备以大幅消减水耗，改进废水处理工艺，使经过处理的废水再用于生产，逐步达到零排放，形成闭路系统。冷却水循环利用的关键是冷却塔的效率、水质稳定技术、提高循环水的浓缩倍数，减少补给水用量，以及冷却塔中填料的形式和种类。同时采用低水耗和零水耗工艺，进一步提高节水效率。目前，我国许多城市管网漏损率较高，加强城市供水管网的维护管理，改进测漏技术，采取有效措施进行治漏，减少网管漏失量是城市节水的重要方面。为此，实施供水管网更新改造，努力减少自来水在管网输送过程中的漏失和浪费。同时提高居民节水器具安装率，推广公共建筑节水技术、市政环境节水技术等，公园、大型绿地等用水采用节水型灌溉设施，市政道路冲洗采用高压低流量设备等，对节约居民生活用水和公共场所用水起到很大的作用。

## 2. 控制污染，维护良好的水环境和生态系统

由于城市人口增加，城市规模的不断扩大，城市污水排放量急剧增加，严重威胁城市水环境。提高城市污水处理厂的效率，采取集中式污水处理模式，借鉴国外先进的污水集中处理工艺，不断提高污水处理设施规模和污水处理率，削减污染物排放总量。

城市污染河流的治理应进行分类，对于不同程度的河流或河段采用不同的治理方法和手段。轻度污染河流的治理对策主要有沿河污染源控制、面源控制、人工湿地等河流水质改善对策，河水增氧、生态砾石床、富营养化防治等；河流生态修复对策生态堤岸、生物多样性建设等河道防洪对策，文化景观与景观保护对策，水文化、文化古迹、生态景观。城市黑臭水体或重度污染河流的治理手段则包括河滨污水净化系河道曝气增氧、河道陆生浮床网状生物膜生态修复与净化。其中生态修复是城市污染河流控制必不可少的措施，包括恢复河流水体生态系统和河流沿岸生态系统。城市河流的主要生态修复技术有增氧曝气技术、生态浮床技术、生态复合填料技术等。

按照"科学回灌、高效回灌、清洁回灌"的原则，合理利用经济、法律、行政等调控手段，提高回灌能力，确保地下水水体不受污染。同时制订计划分阶段逐步停止取用地下水，实现采灌平衡。

## 3. 完善水安全管理信息系统，加速"人水和谐"信息化建设

面临城市水危机，实现人水和谐相处，水资源可持续利用，需要建立以信息系统为基

础的、与社会经济和生态环境协调发展的水安全管理信息系统，完善城市水的供、用、耗、排全过程全要素监控系统。如城市水文水质监测系统，城市供排水监控系统，城市用水与耗水监控系统，废污水排放监测系统，以及相关的预警预报系统等，实行水资源、水生态、水环境三位一体的综合管理。对城市水资源利用系统实时监控，确保供给不能超过水资源的可持续供应量，水质不应随时间下降，有效保护、合理配置、高效利用水资源，确保城市人类系统、社会经济系统和环境系统的可持续发展。

4. 加强水危机管理，提高应急应变能力

水危机管理包括洪水危机管理、枯水危机管理、水环境危机管理和水生态危机管理。在水危机管理中首先要防止人为造成的水危机，从维护河流健康、水资源安全、饮水安全、生态环境安全、粮食安全、人民生命安全出发建立水安全保障体系和应急应变机制。水危机管理不仅是水行政主管部门的职责，也是全社会的活动，城市整体居民都需要有水危机预防的意识，避免城市遭受水危机、水土流失、水环境污染和破坏等影响，促进城市可持续发展。

5. 信息公开，多方参与管理

城市水资源保护与可持续管理必须达到社会共识后才能顺利展开，管理部门和社会团体的通力合作是城市实现人水和谐的保障。逐步提高居民的环境保护意识，通过各种渠道阐述城市蔓延及其他污染行为对社会造成的危害，建立方便的公众参与及公众环境教育体系，满足群众的知情权。社会各界的积极参与和关注可使项目本身获得社会各个阶层和团体的广泛支持和配合，取得自身需求的信息，同时置身于一个相对完善的监督体系之中，能够及时纠错。

# 第二节　农业水资源开发

## 一、调整农业产业结构和作物布局，提高水的经济效益

在摸清本地区农业水资源区域分布特点和开发利用现状的基础上，结合其他农业资源情况，制定合理的农业结构，调整作物布局，达到节水、增产、增收的目的。

## 二、扩大可利用的水源

在统筹兼顾、全面规划的基础上，采取工程措施和管理措施，广开水源，并尽可能做

到一水多用，充分利用，将原来不能利用的水转化为可利用的水，这是合理利用水资源的一个重要方面。

我国山区、丘陵地区创建和推广的大中小、蓄引提相结合的"长藤结瓜"系统，是解决山丘区灌溉水源供求矛盾的一种较合理的灌溉系统。它从河流或湖泊引水，通过输水配水渠道系统将灌区内部大量、分散的塘堰和小水库连通起来。在非灌溉季节，利用渠道将河（湖）水引入塘库蓄存，傍山渠道还可承接坡面径流入渠灌塘，用水紧张季节可从塘库放水补充河水之不足。小型库塘之间互相连通调度，可以做到以丰补歉、以闲济急。这样不仅比较充分地利用了山区、丘陵地区可利用的水源，并且提高了渠道单位引水流量的灌溉能力（一般可比单纯引水系统提高 50%~100%），提高了塘堰的复蓄次数及抗旱能力，从而可以扩大灌溉面积。

黄淮海平原地区推广的群井汇流、井渠双灌的办法，将地面水、地下水统一调度，做到以渠水补源，以井水保灌，不仅较合理地利用了水资源，提高了灌溉保证率，而且有效地控制了地下水位，起到了旱、涝、碱综合治理的作用。

黄河流域的引洪淤灌，只要掌握得当，不仅可增加土壤水分，而且能提高土壤肥力，也是因地制宜充分利用水资源的有效方法。

淡水资源十分缺乏的地方，在具备必要的技术和管理措施的前提下可适当利用咸水灌溉，城市郊区可利用净化处理后的污水、废水灌溉，只要使用得当都可收到良好的效果。

# 三、减少输水损失

## （一）渠道防渗

由于土壤的渗透性较大，故土质渠床输水时的渗漏损失常很严重。对渠道进行衬砌防渗，是提高渠系水利用系数的有效措施，常能收到显著的节水效果。多年来我国很多灌区重视了渠道衬砌防渗工作，已经取得显著效果。

渠道防渗的方法很多，所用衬砌材料主要有混凝土、石料、沥青和塑料薄膜等，选用时要在保证一定防渗效果的前提下，注意因地制宜，就地取材，以做到技术可靠、经济合理。

## （二）管道输水

以管道代替明渠输水，不仅减少了渗漏，而且免除了输水过程中的蒸发损失，因此比渠道衬砌节水效果更加显著。我国北方井灌区试验推广以低压的地下和地面相结合的管道系统代替明渠输水，用软管直接将水送入田间灌水沟、畦，证明可节约水量30%以上，渠系水利用系数可提高到0.9以上。此外，采用管道输水还少占了耕地，提高了输水速度，省时省工，有利于作物增产。管道输水具有如下特点：

第一，节水节能。管道输水工程可有效减少渗漏和蒸发损失，输送水的有效利用率可达30%以上，且与土渠输水相比，井灌区管道输水可节能。

第二，省地省工。以管道代替渠道输水，一般能节地。同时管道输水速度快，灌溉效率提高一倍，用工减少一半以上。

第三，管理方便，有利于适时适量灌溉，能及时满足作物生长需水要求，促进增产增收。

第四，成本低，易于推广。管道输水成本低，且当年施工，当年见效，因此易于推广。

为适应低压输水的需要，已研制成功用料省的薄壁塑料管和内光外波的双壁塑料管，开发了多种类型的当地材料预制管，如砂土水泥管、水泥砂管、薄壁混凝土管等。灌水技术不仅已证明在井灌区是适用的，而且也有必要有计划地逐步推广到大中型自流灌区，则能发挥出更大的节水潜力。

# 四、提高灌水技术水平

良好的灌水方法不仅可以保证灌水均匀，节省用水，而且有利于保持土壤结构和肥力；不正确的灌水方法常使灌水超量而形成深层渗漏，或跑水跑肥冲刷土壤，造成用水的浪费。因此，正确地选择灌水方法是进行合理灌溉、节约灌溉水源的重要环节。

## （一）改进传统灌水技术

传统的灌水技术是地面灌溉的方法。根据灌溉对象的不同，地面灌溉又可分为畦灌（小麦、谷子等密播作物及牧草和某些蔬菜），沟灌（棉花、玉米等宽行中耕作物及某些蔬菜），淹灌（水稻）等不同形式。

### 1. 平整地面

田面不平整常是大水漫灌、灌水质量低劣的主要原因之一，严重时造成地面冲刷，水土流失。因此，平原地区高标准平整田面，建设园田化农田，山丘地区改坡耕地为水平梯田，是提高灌溉效率的一项根本措施。

### 2. 小畦灌溉

在畦灌的地方，应在平整土地的基础上，改大畦长畦为小畦，才能避免大水漫灌和长畦串灌。有关资料表明，灌水定额与畦的大小、长短关系很大，当每亩畦数为1~5个时，每亩调灌水定额可达 100~150 m³；而当每亩畦数增加到 30~40 个时，每亩灌水定额可减至 40~50 m³。因此，推行耕作园田化，采用小畦浅灌，对节约用水有显著效果。

3. 细流沟灌

沟灌时控制进入灌水沟的流量（一般不大于 0.1~0.3L/s），使沟内水深不超过沟深的一半。这样，灌水沟中水流流动缓慢，完全靠毛细管作用浸润土壤，能使灌水分布更加均匀，节约水量。

4. 单灌单排的淹灌

水稻田的淹灌是将田面做成一个个格田，将水放入格田并保持田面有一定深度的水层。格田的布置应力求避免互相连通的串灌串排方式，而应采用单灌单排的形式，即每个格田都有独立的进水口和出水口，排灌分开，互不干扰，才能避免跑水跑肥，冲刷土壤、稻苗的现象，并有利于控制排灌水量，节约用水。

## （二）采用先进灌水方法

1. 喷灌

它是通过喷头喷射到空中散成细小的水滴，像天然降雨那样对作物进行灌溉。喷灌不仅因使用管道输水免除了输水损失，而且只要设计合理，喷灌强度和喷水量掌握得好，即使地面不平整也可使灌水均匀，不产生地面径流和深层渗漏，一般可比地面灌溉节水 1/3~1/2。

2. 滴灌

它是利用一套低压塑料管道系统将水直接输送到每棵作物根部，由滴头成点滴状湿润根部土壤。它是迄今最精确的灌溉方式，是一种局部灌水法（只湿润作物根部附近土壤），不仅无深层渗漏，而且棵间土壤蒸发也大为减少，因此非常省水，比一般地面灌溉可省水 1/2~2/3。目前主要用于果园和温室蔬菜的灌溉。

3. 微喷灌

它是由喷灌与滴灌相结合而产生的，既保持了与滴灌相接近的小的灌水量，缓解了滴头易堵塞的毛病，又比喷灌受风的影响小，是近年发展起来的很有前途的灌水技术。

4. 渗灌

它是利用地下管道系统将灌溉水引入田间耕作层，借土壤的毛细管作用自下而上湿润土壤，所以又称地下灌溉。渗灌具有灌水质量好、蒸发损失小等优点，节水效果明显。它适用于透水性较小的土壤和根系较深的作物。

## 五、实行节水农业措施

结合各地的气候、水源、土壤、作物等条件，因地制宜地采用各种农业技术措施，厉行节水，确保产量，是很有意义的。

### （一）蓄水保墒耕作技术

我国农民在长期的生产实践中创造了丰富的农田蓄水保墒耕作技术，以充分利用天然降水。例如，增施有机肥料改良土壤结构，以提高土壤吸水和保水性能；适时耕锄耙糖压，以改善耕层土壤的水、热、气状况，增加蓄水，减少蒸发；汛期引洪漫地，冬季蓄雪保墒等，都是尽量利用土壤本身储存更多的水量以供作物利用的行之有效的措施。

### （二）田面覆盖保水技术

农田耗水中作物蒸腾量和土壤蒸发量大体各占一半，因此，减少棵间土壤水分的蒸发损失，是提高作物对水的利用率的关键所在。采取田面覆盖是抑制土壤蒸发的有效措施。覆盖的方法很多，如就地取材的秸秆、生草、麦糠、畜粪、沙土覆盖，近年来发展起来的塑料薄膜覆盖，以及使用各种化学保水剂、结构改良剂等，因地制宜地采用，均可收到保水、增温的良好效果。

### （三）其他

除了以上两种方式，我国田间节水技术还有水肥耦合、选育抗旱品种以及适当使用化学制剂，包括保水剂、抗蒸腾剂等。其中，合理施肥是提高水分利用效率的重要途径，通过改变灌溉方式，以达到有效调节根区养分的有效性和根系微生态系统的目的。

## 六、管理节水

管理节水是运用现代先进的管理技术和自动化管理系统对作物需水规律和生长发育进行科学调控，实现区域效益最佳。建立农田土壤墒情检测预报模型，实时动态分析灌区内土壤墒情，在气象预报的基础上，进行实时灌溉预报，实现灌区动态配水计划，达到优化配置灌溉用水的目的。

开展灌区多种水源联合利用的研究，合理利用和配置灌区地表水、地下水和土壤水，在最大限度满足作物生长需水的同时，达到改善农田生态环境的目的。

实现灌区用水的科学政策管理，其核心是制定合理的水价，建立适合灌区实际水情和民情的用水交互原则和相关条例，探索科学水市场的形成条件和机制，推动节水灌溉的规范化和法制化。

# 第三节 海水资源开发

## 一、海水资源的特点

### （一）总量很大，但单位体积的含量很少

海水中含有 80 多种化学物质，各种盐类总计约 $5 \times 10^{16}$ t，其中氯化钠 $4 \times 10^{16}$ t，镁 $1800 \times 10^{12}$ t，溴 $95 \times 10^{12}$ t，钾 $500 \times 10^{12}$ t，碘 $930 \times 10^{12}$ 亿 t，铷 1900 亿 t，锂 $2600 \times 10^{12}$ t，银 5 亿 t，金 500 万 t，放射性元素铀 45 亿 t。海水中还含有 $200 \times 10^{12}$ t 重水，氘和氚是核聚变的原料。海水中含有的物质总量虽然很大，但相对于 13.38 亿 k m³ 的巨量海水，单位水体中这些物质的含量却很低，要把它们提取出来则非常不易。这就是海水资源不能广泛利用的主要原因。

### （二）海水资源是永续利用的资源

这是因为，海水、陆地地表水、陆地地下水、土壤中的水、大气中的水和生命含水等构成地球的水圈，是无限循环的系统；海水中溶存的物质数量巨大，海水又是各大洋相通的，具有流动性，在人们利用这些资源的同时，陆上各入海河流又把这些物质不断补充入海洋之中，因而它是可永续利用的。

### （三）海水资源利用与高新技术关系非常密切

海水资源的利用程度取决于高新技术的水平。有些在当前的技术经济条件下还不能利用的资源，随着科技的进步在不久的将来就会变成可利用的资源。

### （四）综合利用是海水资源利用的最佳途径

海水资源利用，一种是开发利用海水中溶存的物质，另一种则是去掉这些物质利用其中的淡水。对海水的综合利用，不仅可以充分利用这些资源，还能节约能源，发展循环经济，是一种最佳的利用方向。

## 二、海水资源开发利用的主要形式

海水资源开发和利用的类型大致有三类：一是海水淡化——属于水资源开源增量产

业；二是海水直接利用——为替代淡水开源节流产业，比如海水冲厕；三是海水化学资源的综合利用——为新兴海洋化工产业，比如从海洋中提取溴素、海盐和镁化物等。

## （一）海水淡化

海水淡化是处理淡水资源缺乏问题的关键路径，指的是从海水中获得淡水。三个最重要的影响海水淡化成本的因素是能源成本、给水盐度水平、工厂规模。由于给水中含盐度的增加，导致海水淡化需要适用更多的设备或者需要更长的时间，所以也将导致成本的增加。一般来说，海水淡化的成本是淡盐水脱盐的 3~4 倍。总体上来讲，尽管海水淡化的成本是比较昂贵的，但是随着规模效益、竞争的影响、海水淡化技术的改进、可再生能源的使用，相信海水淡化成本在不久的将来应该还会下降。海水淡化厂的建设首先要考虑厂址的选择对于沿海生态系统的影响，海水淡化厂会产生独特的环境影响问题，主要是微咸水或者海水的摄取对海洋生态环境产生影响，例如对于鱼类及其他生物的夹带以及冲击影响，或者对于静岸水流的改变；其次还需要考虑到海水淡化产生的较高浓度的盐水该如何处理。

## （二）海水直接利用

海水直接利用对于沿海城市用水紧张的缓解方面具有重要意义，就是用海水直接作为淡水的替代物，用于生活及工业领域。其中，利用最为广泛的就是工业用水和大生活用水。将海水用于冷却用水，是拥有海水资源国家的常见做法，工业用量能达到总用水量的 4596 左右，全球海水冷却用水量在海水取用量中比例超过 90%。

另外，在用海水淡化过程中的废液来造"人工死海"、海水冲厕、利用海水资源浇灌蔬菜等领域，我国获得了很多有益经验和成就。自从 20 世纪中期，海水的冲厕技术在香港地区开始后，如今已拥有了一系列健全的管理及处置流程。内地沿海一带，海水冲厕技术处于成长阶段，不过到现在为止取得了一系列不小的成就，海水资源直接利用的前景还是相当乐观的。

## （三）海水化学资源综合利用

众所周知，丰厚的化学资源蕴藏在海水当中，对于人类发现的化学元素，海水中含有 80 多种。把海水称作巨大的液体矿物资源丝毫不夸张，每 1000 $m^3$ 海水就含有固体物质 3500 万 t，而大部分是有用元素。所谓的海水化学资源的综合利用，就是把海水里面的化学品、化学元素从海水中提取出来及深度加工等。

# 三、海水资源开发的策略

## （一）制定相应的政策法规，推动海水资源的开发

把海水利用纳入节水管理中，首先要在沿海地区工业用水大户中，规定其应用海水的比例，对沿海地区新建、扩建的工业用水大户，必须首先考虑使用海水，对能用海水而不用的企业不予立项。对大量利用海水的单位在技术改造、技术引进上给予信贷、税收方面的优惠，切实做到多用海水多受益。对尝试用海水灌溉耐盐作物的农业生产项目亦应给予信贷和其他方面的政策优惠。

应把海水化学元素的提取和海水淡化作为高科技项目，适当增加投资，争取近期突破关键性技术，同时继续实施对盐业企业的优惠政策，狠抓现有盐田的技术改造，走扩大再生产道路。

## （二）把海水资源开发作为一项战略措施

充分认识海水资源对人类的重要性是提高全民族海洋意识的内容之一，也是海水资源得以开发利用的前提，必须把它作为解决沿海地区水资源短缺的措施，把它列入国家和地区经济发展战略中，以保证沿海地区经济的持续发展。

## （三）建立海水资源开发利用基金，确立正确的海水资源开发技术

要开发利用海水资源，除了要有相应的政策支持外，还要有资金来源，应由国家、地方、用户等多方联合集资，建立海水资源开发利用基金，帮助企业攻克技术难关及引进国外先进技术，扶持海水开发产业的发展。设立海水利用工程无息或低息贷款项目，鼓励有条件的单位多上海水开发项目。

海水淡化、海水化学元素提取及海水直接利用的研究，都必须加以论证，选择正确的技术路线，立足于我国的基本国情。

## （四）成立专门的研究机构，制订综合开发规划

海水资源开发属于技术密集型的产业，很多技术难关的攻克，要借助于联合攻关的优势，利用沿海城市科研力量雄厚的优势，把各地区、各单位的科研、试制、制造、安装等技术力量组织起来，协同攻关，共同推动海水资源的开发，逐步完善基础研究、应用研究和开发研究相结合的科技体系。同时，利用各种新技术，组成科研生产联合体。

（五）建立沿海地区海水资源综合利用体系

海水资源开发的主攻方向，应当在单位技术过关后向综合开发利用的工艺技术方向发展。应把发电、海水直接利用、海水淡化、海水制盐及化学元素提取等结合起来，这样既可以有效地降低生产成本，提高海水资源的经济效益，也可以更充分利用资源，保护环境。具体地讲，在把耗水量大的企业布局在沿海的同时，以沿海电厂为龙头带动海水资源综合利用，形成能源—淡化—盐化工生产综合体。即首先把海水作为电厂的冷却水；利用电厂的余热进一步淡化海水，以所生产的淡水满足锅炉用水的需要；冷却后的海水和淡化后的浓海水用于提取溴、镁，而后晒盐，提取铀、钾也可同时进行；同时进行化工产品的深加工。冷却后的海水还可以用于生产养殖。这样既解决了能源、水资源不足的问题，又可取得良好的经济效益、社会效益和环境效益。

目前可在沿海地区选择条件好的地点建立海水综合开发利用基地，建立开发示范厂，探索海水综合利用的经验。

# 第四节　水能开发

## 一、水能

水能是一种能源，是清洁能源，是绿色能源，是指水体的动能、势能和压力能等能量资源。

水能是一种可再生能源，水能主要用于水力发电。水力发电将水的势能和动能转换成电能。以水力发电的工厂称为水力发电厂，简称水电厂，又称水电站。水力发电的优点是成本低、可连续再生、无污染；缺点是分布受水文、气候、地貌等自然条件的限制大，容易被地形、气候等多方面的因素所影响，国家还在研究如何更好地利用水能。

（一）原理

水的落差在重力作用下形成动能，从河流或水库等高位水源处向低位处引水，利用水的压力或者流速冲击水轮机，使之旋转，从而将水能转化为机械能，然后再由水轮机带动发电机旋转，切割磁力线产生交流电。而低处的水通过阳光照射，形成水蒸气，循环到地球各处，从而恢复高位水源的水分布。

水不仅可以直接被人类利用，它还是能量的载体。太阳能驱动地球上水循环，使之持续进行。地表水的流动是重要的一环，在落差大、流量大的地区，水能资源丰富。随着矿物燃料的日渐减少，水能是非常重要且前景广阔的替代资源。世界上水力发电还处于起步阶段。河流、潮汐、波浪以及涌浪等水运动均可以用来发电。也有部分水能用于灌溉。

（二）特点

水能资源最显著的特点是可再生、无污染。开发水能对江河的综合治理和综合利用具有积极作用，对促进国民经济发展，改善能源消费结构，缓解由于消耗煤炭、石油资源所带来的环境污染有重要意义，因此世界各国都把开发水能放在能源发展战略的优先地位。

（三）缺点

①生态破坏：大坝以下水流侵蚀加剧，河流的变化及对动植物的影响等。不过，这些负面影响是可预见并减小的。如水库效应。

②须筑坝移民等，基础建设投资大，搬迁任务重。

③降水季节变化大的地区，少雨季节发电量少甚至停发电。

④下游肥沃的冲积土减少。

（四）优点

①水力是可以再生的能源，能年复一年地循环使用，而煤炭、石油、天然气都是消耗性的能源，逐年开采，剩余的越来越少，甚至完全枯竭。

②水能用的是不花钱的燃料，发电成本低，积累多，投资回收快，大中型水电站一般3~5年就可收回全部投资。

③水能没有污染，是一种干净的能源。

④水电站一般都有防洪启溉、航运、养殖、美化环境、旅游等综合经济效益。

⑤水电投资跟火电投资差不多，施工工期也并不长，属于短期近利工程。

⑥操作、管理人员少，一般不到火电的三分之一人员就足够了。

⑦运营成本低，效率高。

⑧可按需供电。

⑨控制洪水泛滥。

⑩提供灌溉用水。

⑪改善河流航动。

⑫有关工程同时改善该地区的交通、电力供应和经济，特别可以发展旅游业及水产养殖。

## 二、水能资源

以位能、压能和动能等形式存在于水体中的能量资源，又称水力资源。广义的水能资源包括河流水能、潮汐水能、波浪能和海洋热能资源；狭义的水能资源指河流水能资源。在自然状态下，水能资源的能量消耗于克服水流的阻力，冲刷河床、海岸、运送泥沙与漂浮物等。采取一定的工程技术措施后，可将水能转变为机械能或电能，为人类服务。

### （一）狭义的水能资源

水能资源指水体的动能、势能和压力能等能量资源，是自由流动的天然河流的出力和能量，称河流潜在的水能资源，或称水力资源。

广义的水能资源包括河流水能、潮汐水能、波浪能、海流能等能量资源；狭义的水能资源指河流的水能资源。水能是一种可再生能源（见新能源与可再生能源）。河流水能是人类大规模利用的水能资源；潮汐水能也得到了较成功的利用；波浪能和海流能资源则正在进行开发研究。

人类利用水能的历史悠久，但早期仅将水能转化为机械能，直到高压输电技术发展、水力交流发电机发明后，水能才被大规模开发利用。目前水力发电几乎为水能利用的唯一方式，故通常把水电作为水能的代名词。

构成水能资源的最基本条件是水流和落差（水从高处降落到低处时的水位差），流量大，落差大，所包含的能量就大，即蕴藏的水能资源大。

### （二）广义的水能资源

当代水能资源开发利用的主要内容是水电能资源的开发利用，以致人们通常把水能资源、水力资源、水电资源作为同义词，而实际上，水能资源包含着水热能资源、水力能资源、水电能资源、海水能资源等广泛的内容。

1. 水热能资源

水热能资源也就是人们通常所知道的天然温泉。在古代，人们已经开始直接利用天然温泉的水热能资源，建造浴池，沐浴治病健身。现代人们也利用水热能资源进行发电、取暖。

2. 水力能资源

水力能包括水的动能和势能，中国古代已广泛利用湍急的河流、跌水、瀑布的水力能资源，建造水车、水磨和水碓等机械，进行提水灌溉、粮食加工、舂稻去壳。

3. 水电能资源

现在我们所说的水电能资源通常称为水能资源。在水能资源中，除河川水能资源外，海洋中还蕴藏着巨大的潮汐、波浪、盐差和温差能量。当前人类对海洋水能资源的利用只有对潮汐能的开发利用技术达到了可以大规模开发的实用性阶段，其他的能源的开发利用，都还须进一步研究，在技术经济的可行性上取得突破性成果，达到实用的开发利用程度。我们通常所提到的开发利用海洋能，最主要是开发利用潮汐能。月球和太阳对地球海水面吸引力引起海水水位周期性的涨落现象，称为海洋潮汐。海水涨落就形成了潮汐能。从原理上讲，潮汐能是一种利用潮位涨落产生的机械能。

（三）中国河川水能资源的特点

①资源量大，占世界首位。②分布很不均匀，大部分集中在西南地区，其次在中南地区，经济发达的东部沿海地区的水能资源较少。而中国煤炭资源多分布在北部，形成北煤南水的格局。③大型水电站的比重很大，单站规模大于 200 万 KW 的水电站资源量占 50%。

# 三、水能开发方式

开发利用水体蕴藏的能量的生产技术。天然河道或海洋内的水体，具有位能、压能和动能三种机械能。水能利用主要是指对水体中位能部分的利用。水能开发利用的历史也相当悠久。

水能利用的另一种方式是通过水轮泵或水锤泵扬水。其原理是将较大流量和较低水头形成的能量直接转换成与之相当的较小流量和较高水头的能量。虽然在转换过程中会损失一部分能量，但在交通不便和缺少电力的偏远山区进行农田灌溉、村镇给水等，仍不失其应用价值。

水能利用是水资源综合利用的一个重要组成部分。近代大规模的水能利用，往往涉及整条河流的综合开发，或涉及全流域甚至几个国家的能源结构及规划等。它与国家的工农业生产和人民的生活水平提高息息相关。因此，需要在对地区的自然和社会经济综合研究基础上，进行微观和宏观决策。前者包括电站的基本参数选择和运行、调度设计等。后者包括河流综合利用和梯级方案选择、地区水能规划、电力系统能源结构和电源选择规划等。实施水能利用需要应用到水文、测量、地质勘探、水能计算、水力机械和电气工程、水工建筑物和水利工程施工以及运行管理和环境保护等范围广泛的各种专业技术。

# 参考文献

[1] 康彦付，陈峨印，张猛．水资源管理与水利经济［m］．长春：吉林科学技术出版社，2018.

[2] 耿传宇，董永立．区域经济与水利资源开发研究［m］．长春：吉林出版集团股份有限公司，2018.

[3] 王海雷，王力，李忠才．水利工程管理与施工技术［m］．北京：九州出版社，2018.

[4] 高占祥．水利水电工程施工项目管理［m］．南昌：江西科学技术出版社，2018.

[5] 万红，张武．水资源规划与利用［m］．成都：电子科技大学出版社，2018.

[6] 周苗．水利工程建设验收管理［m］．天津：天津大学出版社，2019.

[7] 姬志军，邓世顺．水利工程与施工管理［m］．哈尔滨：哈尔滨地图出版社，2019.

[8] 刘春艳，郭涛．水利工程与财务管理［m］．北京：北京理工大学出版社，2019.

[9] 袁俊周，郭磊，王春艳．水利水电工程与管理研究［m］．郑州：黄河水利出版社，2019.

[10] 高喜永，段玉洁，于勉．水利工程施工技术与管理［m］．长春：吉林科学技术出版社，2019.

[11] 牛广伟．水利工程施工技术与管理实践［m］．北京：现代出版社，2019.

[12] 陈雪艳．水利工程施工与管理以及金属结构全过程技术［m］．北京：中国大地出版社，2019.

[13] 崔洲忠．水利工程管理［m］．长春：吉林科学技术出版社，2020.

[14] 宋美芝，张灵军，张蕾．水利工程建设与水利工程管理［m］．长春：吉林科学技术出版社，2020.

[15] 马琦炜．水利工程管理与水利经济发展［m］．长春：吉林出版集团股份有限公司，2020.

[16] 高玉琴，方国华．水利工程管理现代化评价研究［m］．北京：中国水利水电出版社，2020.

[17] 张鹏．水利工程施工管理［m］．郑州：黄河水利出版社，2020.

［18］杜守建，周长勇．水利工程技术管理［m］．北京：中国水利水电出版社，2020.

［19］赵庆锋，耿继胜，杨志刚．水利工程建设管理［m］．长春：吉林科学技术出版社，2020.

［20］张义．水利工程建设与施工管理［m］．长春：吉林科学技术出版社，2020.

［21］崔洲忠．水利水电工程管理与实务［m］．长春：吉林科学技术出版社，2020.

［22］贾志胜，姚洪林等．水利工程建设项目管理［m］．长春：吉林科学技术出版社，2020.

［23］英爱文，章树安．国家地下水监测工程水利部分项目建设与管理［m］．郑州：黄河水利出版社，2021.

［24］高甜，杨肖丽．中部地区水资源利用与经济社会发展关系研究［J］．中国农村水利水电，2022（1）：79-84+92.

［25］张茹，楼晨笛，张泽天，等．碳中和背景下的水资源利用与保护［J］．工程科学与技术，2022，54（1）：69-82.

［26］付湘，谈广鸣，黄莎，等．水资源利用与排污控制的非合作博弈方法［J］．水利学报，2022，53（1）：78-85.

［27］孟庆军，顾悦，潘海英．"双循环"视角下水资源利用效率与经济发展的协调关系研究［J］．水利经济，2022，40（2）：31-37+88.

［28］沈晓梅，谢雨涵．农业绿色水资源利用效率及其影响因素研究［J］．中国农村水利水电，2022（3）：13-18+24.

［29］热孜娅·阿曼，方创琳，赵瑞东．干旱区城镇化发展与水资源利用耦合协调研究［J］．人民黄河，2022，44（4）：67-73.

［30］白芳芳，齐学斌，乔冬梅，等．黄河流域九省区农业水资源利用效率评价和障碍因子分析［J］．水土保持学报，2022，36（3）：146-152.

［31］岳立，韩亮．数字经济对黄河流域水资源利用效率的影响及作用机制［J］．工业技术经济，2022，41（7）：21-27.

［32］魏智，王小娥，吴锦奎．黄河上游典型干旱区水资源利用策略研究［J］．水资源开发与管理，2022，8（6）：5-10.